INNOVATIONSFINANZIERUNG

Herausgeber: Christian Wunderlin, Christoph Banik, Lukas Gayler

Swiss Equity guide

Swiss Equity guide
Innovationsfinanzierung

Herausgeber:
Christian Wunderlin, Christoph Banik,
Lukas Gayler

Verlag:
Swiss Equity Medien AG
Freigutstrasse 26
CH-8002 Zürich
www.se-medien.ch

Korrektorat:
Multicolor Print AG, Baar

Gestaltung/Druck:
Multicolor Print AG, Baar

ISBN 978-3-9523210-8-9

NOTWENDIGKEIT VON INNOVATION UND DEREN FINANZIERUNG

Von Andy Rihs

Der Mensch will immer wieder was Neues. Es soll bequem, hilfreich, schnell, einfach, trendy und durchaus auch ökologisch sein – eben innovativ. So verbringen wir den Sommer in Plastik-Zoggeli (Crocs), wir spielen und kommunizieren per iPhone und sichern unseren älteren Mitbewohnern mit Notfallalarmuhren (Faaros) Gesundheitsdienstleistungen. Der Zugang zu diesen Erleichterungen gibt den Menschen ein gutes Lebensgefühl und Sicherheit.

Durch Innovationsmanagement sollte ein geeignetes Umfeld und Klima – Unternehmenskultur, Prozesse, Mitarbeiter, Managementressourcen – geschaffen werden, um sich dauerhaft als innovativer Marktplayer entfalten zu können. Wissen kennt keine Hierarchie! Es braucht mehr freiheitliche, Campus-orientierte Wissenskultur mit einer klaren Vision. Es sind die innovativen Unternehmen, die die Gunst der besten Ingenieure gewinnen, welche aus intellektuellem Kapital anschliessend materielles Kapital erarbeiten. Diese Unternehmen sichern sich damit die Basis für einen langfristigen Erfolg. Eine einzige zündende Idee alleine macht noch keine Innovation. Das Unternehmen muss sich so aufstellen, dass es sein Potential optimal ausnutzen kann, und so den Wettbewerbern nur minimale Chancen gibt, sich zu profilieren.

Unternehmen schaffen sich so eine gute Wettbewerbssituation und tragen bei exportfähigen Produkten und Dienstleistungen auch zur Stärkung des Standorts und der Volkswirtschaft bei. Innovativere Firmen sind im allgemeinen ertragsstärker und sichern damit ihr Fortbestehen. Sie setzen Technologiestandards und erhöhen die Konsumentenwahrnehmung. Die Neuheit muss vom Innovator schnell in ein Massenprodukt umgesetzt werden, bevor dies Nachahmer tun. Diese können Substitutionsprodukte nur mit grossem Preisabschlag platzieren und werden immer mit dem Markenprodukt in Bezug gebracht.

Viele Projekte bleiben bereits in einer frühen Phase stecken, weil die Suche nach Partnern und Investoren schwierig ist. Eine Finanzierung innovativer

Konzepte muss oft bereits vor der Erstellung eines Businessplanes erfolgen. Innovationen werden überwiegend aus den internen Mitteln des Unternehmens finanziert. Sind diese – wie bei einem Startup – nicht vorhanden, kann die Finanzierung durch Business Angels oder Venture-Institute erfolgen.

Ich bin überzeugt, dass sich der Einsatz von Risikokapital zur Innovationsfinanzierung langfristig auszahlt, denn durch Innovation schafft man Aufmerksamkeit, hohes Image und grosse Werbewirkung.

Andy Rhis, Präsident des Verwaltungsrates und Mitbegründer Sonova Holding AG

INHALTSVERZEICHNIS

INNOVATIONSFINANZIERUNG

Wie oft kommt es vor, dass vielversprechende Technologien mangels Finanzierung nicht entwickelt werden können, wie oft geben junge Unternehmer auf, weil sie den Zugang zu Finanzen nicht haben? Zu oft, denn fallengelassene Innovationen bedeuten nicht zwingend, dass die zugrundeliegende Idee falsch war. Es kann auch sein, dass es nur an der richtigen Geldquelle fehlte. Mit diesem Guide möchten wir diesem Missstand abhelfen. Der Guide soll aufzeigen, welche Quellen für Kapital in der Schweiz zur Verfügung stehen, und wie man diese adressiert. Zudem soll auch aufgezeigt werden, dass nicht jede Entwicklungsphase (Forschung und Entwicklung, Markteintritt bzw. Expansion) für jede Kapitalquelle geeignet ist.

In diesem Guide wird auf die vier neben Banken gängigen Kapitalquellen «Stiftungen und Förderpreise», «Business Angels», «Corporate Venture Capital» und «Private Equity» eingegangen, die Innovation finanzieren. In den Kapiteln zu den einzelnen Quellen werden jeweils deren Präferenzen aufgezeigt und anhand von je vier finanzierten Firmen dargelegt, was für diese Kapitalquelle speziell ist. Dies hilft kapitalsuchenden Innovatoren, für sich selbst die richtige Quelle zu finden. Abgerundet wird der Guide durch Angaben zu weiteren Unterstützungsformen für Innovation wie Businessparks oder Gründungszentren.

AKTUELLE INNOVATIONSLANDSCHAFT IN DER SCHWEIZ

In der Schweiz hat sich dank Mithilfe des Bundes, der CTI Invest und von venturelab eine solide Basis für die unternehmerische Umsetzung von Innovation entwickelt.

Innovative Firmen werden in ihrer Entwicklung durch diese vom Bund geförderten Stellen begleitet:

- Potentielle Unternehmensgründer werden mit den Ausbildungsmodulen von venturelab aus- und weitergebildet (in der Grafik: venture ideas, venture challenge, venture plan und venture training).
- Danach wird den Jungunternehmen ein Coaching ermöglicht, das wie folgt aufgebaut ist (in der Grafik: CTI Startup Coaching):
  - In einer ersten rund drei Wochen dauernden Phase wird die Geschäftsidee einer elementaren Prüfung durch CTI Experten unterzogen (Innovationsgehalt, Einfluss, Realisierbarkeit).

Abbildung 1: Phasen von venturelab

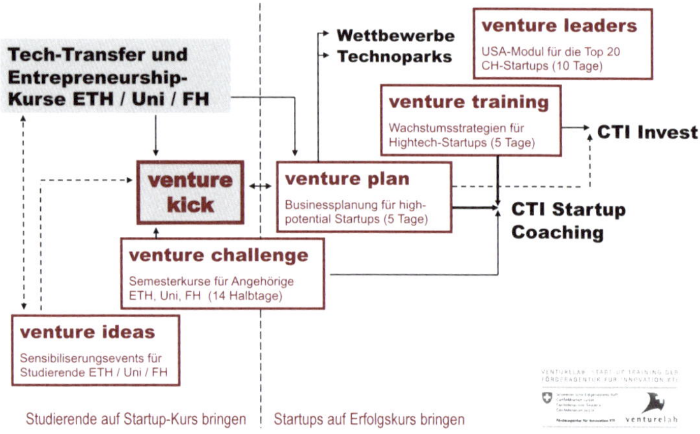

(Quelle: Venturlelab)

- In der Phase II werden während rund vier bis sechs Wochen der Markt und die Machbarkeit sowie das Management professionell evaluiert. Im positiven Fall wird ein Coaching vereinbart.
- In der dritten Phase werden die Jungunternehmer während sechs bis 18 Monaten professionell beim Erstellen der Businesspläne und bei der Geschäftsentwicklung begleitet. Erfolgreiche Jungunternehmen erhalten zum Abschluss der Phase das CTI Start-up Label.
- In der allenfalls folgenden Phase IV wird dem Unternehmen geholfen, weitere Hürden zu überwinden.

Die genannten Akteure können einzelnen Entwicklungsphasen von innovativen Projekten zugeordnet werden. Die Abbildungen 1 und 2 helfen, den Innovationsprozess den einzelnen unterstützenden Parteien zuzuordnen.

Wagen wir einen Blick auf die Finanzierung der Innovation, dann können wir die einzelnen Kapitalquellen den Phasen gemäss Abbildung 3 zuordnen; wobei zu berücksichtigen ist, dass eine so strikte Trennung der Phasen in der Praxis nur sehr selten anzutreffen ist.

In einer sehr frühen Phase der Innovation, meist noch bevor ein Unternehmen gegründet ist, stehen in der Schweiz diverse Stiftungen und vor allem viele Förderpreise zur Verfügung, die Innovation finanzieren.

Sobald es in Richtung Gründung der Unternehmung geht, gewinnen Business Angels beziehungsweise deren Netzwerke sowie die Business-Parks und Gründungszentren an Bedeutung. Ebenfalls wichtig werden Institutionen

Abbildung 2: Start-up-Phasen und Förderangebote

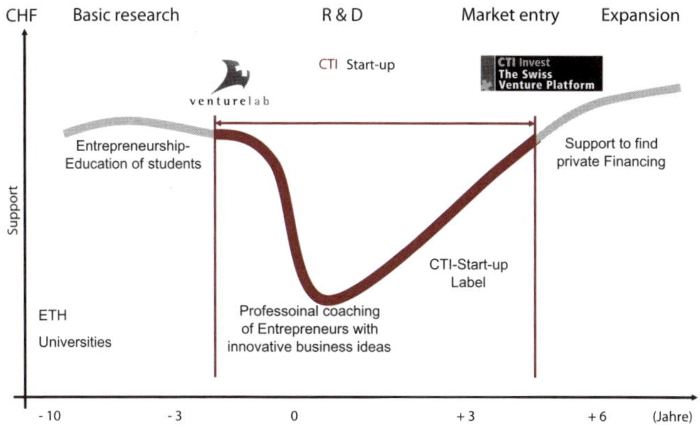

(Quelle: Venturelab)

wie CTI Invest, eine Parterschaft der Förderagentur für Innovation KTI des Bundes mit privaten Investoren. In der jüngeren Vergangenheit stehen zudem immer mehr Kantonalbanken mit eigenen Innovationsfinanzierungsfonds zur Seite. Als Pionier ist hier die ZKB mit dem Start-up Finance Program zu erwähnen.

Sind erste Entwicklungserfolge ersichtlich und ein Markteintritt absehbar, kommen weitere Kapitalquellen

Abbildung 3: Finanzierungsphasen

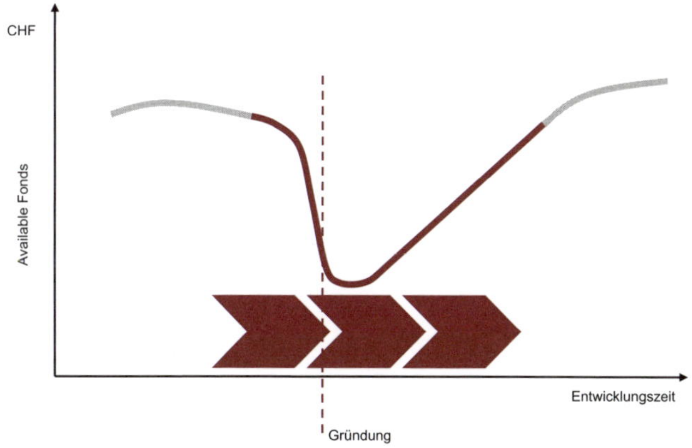

(Quelle: IFZ)

wie Corporate Venture Capital (Geld von etablierten Industrieunternehmen) und Private Equity dazu. In dieser Entwicklungsphase bieten CTI Invest und die Gründungszentren beziehungsweise Businessparks durch ihre Anlässe mögliche Plattformen, die Innovation und Kapital zusammenführen.

Wie ein solcher Anlass konkret abläuft, soll an dieser Stelle exemplarisch geschildert werden; dies zum besseren Verständnis für all jene Innovatoren oder potentiellen Geldgeber, die noch keine einschlägigen Erfahrungen gemacht haben. Nehmen wir also den von CTI Invest organisierten 6. CEO Day vom 9. September 2009. Mit mehr als 350 Jungunternehmern erreichte diese Veranstaltung einen neuen Teilnehmerrekord.

Das Begrüssungswort von Christian Wenger, dem Chairman von CTI Invest, stand ganz im Zeichen der Förderung von Schweizer Stärken im Bereich der Technologie und der Industrie, gerade in Zeiten der wirtschaftlichen Krise und des Umbruchs. Im Anschluss daran folgte das Einführungsreferat von Ingrid Kissling-Näf, der Leiterin der Förderagentur für Innovation (KTI), welches die Aufmerksamkeit der Teilnehmer auf die Aktivitäten des Bundes im Rahmen der Konjunkturpakete und der KTI richtete.

Im Fokus des weiterführenden Programms standen insgesamt sechs Workshops mit so unterschiedlichen Themen wie Financing of Start-ups, Incentive Plans, Winning in Sales, Team Dynamics sowie IP Strategy for Start-ups. Sämtliche Workshops wurden von ausgewiesenen Experten in den entsprechenden Disziplinen geleitet, wobei es sich bei den Referenten mehrheitlich um erfahrene, engagierte Coaches von CTI Start-up handelte. Die Besucher konnten sich im Vorfeld der Veranstaltung bei der Anmeldung auf der Homepage des CEO Days (www.ceoday.ch) für zwei Workshops anmelden. Das bewährte Konzept beinhaltete eine parallele Veranstaltung der Workshops mit einer einmaligen Wiederholung im Laufe des Tages.

Nach der morgendlichen Trainings-Veranstaltung folgte das informelle Networking. Im Rahmen des unkomplizierten Fingerlunches konnten die Jungunternehmer und -unternehmer-innen Kontakte mit den anwesenden Investoren und den Coaches von CTI Start-up knüpfen.

Mit Networking ging es am Nachmittag gleich weiter. Unter dem Titel «Meet the Industry» bestand für die Gründer und Gründerinnen die Möglichkeit, die zahlreich erschienenen Industrievertretern kennenzulernen. Vor Ort waren Vertreter aus den verschiedenen Branchen Biotech/Lifescience (Novartis, Roche), Medizinaltechnik (Johnson & Johnson, Medtronic, Straumann, Synthes), ICT Software/Hardware (Google, Logitech, Microsoft, Swisscom), Industrial Engineering und grüne Technologien (ABB, Alstom, Oerlikon, RUAG) sowie zahlreiche Business Angels und Vertreter von Venture-Capital-Firmen.

Zum Abschluss folgte die Verleihung der Venture Leaders Zertifikate 2009. Die Teilnehmer und Teilnehmerinnen des diesjährigen Venture Leader Kurses in Boston (vergleiche Abbildung 1, Seite 10) erhielten jeweils eine halbe Minute Zeit, um ihr Unternehmen dem Investoren- und Unternehmerkreis vorzustellen. Bei den Kurzpräsentationen war eindeutig feststellbar, dass der Kurs in den USA bereits erste Früchte gezeigt hat.

Solche Veranstaltungen sind es also, die Innovation und Kapital zueinander führen. Bezeichnenderweise sind bei solchen Anlässen bis auf die Vertreter von Förderpreisen sämtliche Kapitalquellen vertreten.

WER SIND DIE KAPITALQUELLEN?

Aus diesen einleitenden Schilderungen wird gut ersichtlich, dass einerseits viele Kapitalquellen zur Verfügung stehen, und dass anderseits diese potentiellen Geldgeber oft aktiv auf der Suche nach Innovation und somit Investitionsmöglichkeiten sind. Die grosse Herausforderung für Gründer und Jungunternehmer besteht darin, für die eigene Innovation die richtige Kapitalquelle zu finden, da sich nicht alle Quellen für alle Formen von Innovation, beziehungsweise für alle Bedürfnisse von Innovatoren eignen. Die Abbildung 5, Seite 15, zeigt die üblichsten Eigenschaften der einzelnen Finanzierungsquellen.

Bei der Wahl der richtigen Kapitalquelle kommt es neben der aktuellen Entwicklungsphase also auch stark auf die künftigen Bedürfnisse an:

Finanzierungseigenschaften		Stiftungen / Wettbewerbe	Business Angels	Corporate Venture Kapital	Private Equity Seed
Art	Neugründung	√	√	√	√
	Kapitalerhöhung		√	√	√
Kapitalart	Aktienkapital		√	√	√
	Darlehen		√	√	
	zinsloses Darlehen	√			
	Mezzanine		√	√	√
	a Fond perdu / Preisgeld	√			
Kapitalform	einmalig	√	√	√	√
	gestaffelt	√	√	√	√
Einflussnahme	Verwaltungsrat		√	√	√
	Beirat				
	Reviewgespräche				
	Operative Unterstützung			√	
Zusatznutzen	Wissen		√	√	√
	Infrastruktur			√	
	Kunden			√	
	Reputation			√	
	weiteres				

Abbildung 4: Merkmale der verschiedenen Kapitalquellen

Stiftungen und Förderpreise eignen sich, wenn neben dem Kapital keine weitere Unterstützung benötigt wird. Meist wird das Kapital in Form einer Einmalzahlung à fonds perdu zur Verfügung gestellt.

Business Angels sind vermögende Privatpersonen (meist ehemalige Industrielle) und sie nehmen bei den von ihnen finanzierten Unternehmen eine Art Mentorenrolle ein. Sie investieren nicht nur in die Firma (wobei das Kapital in verschiedenster Art und Weise zur Verfügung gestellt wird), sie stehen auch mit Rat und Tat zur Seite. Oft nehmen Business Angels Einsitz im Verwaltungsrat (VR).

Corporate Venture Kapital stellen etablierte Firmen zur Verfügung, die zwecks Sicherung ihrer Innovationsfähigkeit Beteiligungen an jungen Unternehmen zeichnen. Interessant für Jungunternehmer ist, dass neben dem Kapital oft weiterer Nutzen wie Zugang zu Kunden, Nutzung von Infrastruktur oder Einsicht in Fachwissen zur Verfügung gestellt wird. Nachteilig an diesem Modell kann hingegen sein, dass die Bindung an ein etabliertes Unternehmen in einer späteren Entwicklungsphase Wettbewerbsnachteile mit sich bringt. So können Konkurrenten des Kapitalgebers einer Kooperation skeptisch gegenüberstehen; zum Beispiel im Pharmabereich, wenn es um das Lizenzieren von Wirkstoffen geht.

Private Equity Fonds sind professionelle Kapitalgeber, deren Ziel es ist, die junge Unternehmung erfolgreich auf Kurs zu bringen und ihre Beteiligung nach einigen Jahren wieder abzustossen. Durch die Spezialisierung der einzelnen Private Equity Fonds auf Entwicklungsphasen und Branchen besteht ein sehr spezifisches Wissen, das fördernd in die jungen Unternehmungen eingebracht wird. Es ist üblich, dass Vertreter des Private Equity Fonds im Verwaltungsrat Einsitz nehmen. Im Falle der Innovationsfinanzierung sind vor allem Private Equity Fonds mit einer Spezialisierung auf die Frühphase relevant; man spricht dann in der Regel von *Venture Capital,* beziehungsweise von einer Seed-Finanzierung.

Die Innovationsfonds der einzelnen Banken können aufgrund ihres Finanzierungsverhaltens der Gruppe Private Equity (vom Darlehen über Wandeldarlehen bis zu Aktienkapital) zugeordnet werden.

RICHTIGES ANGEHEN VON KAPITALGEBERN

Es ist enorm wichtig, dass die Kapitalquellen richtig angegangen werden. Zualleroberst steht deshalb die Frage, wer denn eigentlich ein idealer Geldgeber sein könnte.

Vor der Gründung ist es schwierig, neben Stiftungen oder Förderpreisen Kapital zu finden. Sobald aber die Gründung ansteht, sind die weiteren Quellen zugänglich (Geld von Banken in deren klassischer Form als Fremdkapitalgeber sind eher unwahrscheinlich). Sollten Sie neben Wissen Bedarf an Infrastruktur oder Zugang zu Kunden haben, drängt sich Corporate Venture Capital auf. Ansonsten sind die Kapitalgeber gleichwertig zu betrachten. Später, wenn eine Wachstumsfinanzierung mit grösseren Beträgen ansteht, fallen Business Angels normalerweise weg bzw. bleiben höchstens als Co-Investoren erhalten.

Unabhängig davon, welche Kapitalquelle angesprochen wird, gilt es, sich seriös vorzubereiten. Hierzu soll folgende Handlungsempfehlung helfen.

VORBEREITUNG

Welche Kapitalquellen kommen in Frage?

- Gehen Sie systematisch vor und recherchieren Sie im Detail. Dies kann eine Weile dauern, aber es lohnt sich, die nötige Zeit zu investieren.
- Machen Sie Kapitalquellen ausfindig, welche bereits Projekte, die dem Ihren ähnlich sind, unterstützt ha-

	Stiftungen, Förder-preise	Business Angels	Corporate Venture Capital	Private Equity
Noch nicht gegründet	✓			
Bei Gründung	✓	✓	✓	(✓)
Nach Gründung	(✓)	✓	✓	✓
Bedarf an Wissen		✓	✓	✓
Bedarf an Infrastruktur			✓	
Bedarf an Kundenzugang			✓	

Abbildung 5: Finanzierungspräferenzen

ben. Vielleicht kommen diese Quellen auch für Sie in Frage?
- Informieren Sie sich im Detail über Art und Form des Kapitals.
- Nutzen Sie dafür das Internet sowie die verschiedenen Suchmaschinen. Viele der wichtigsten Informationen über die verschiedenen Geldgeber sind dort bereits veröffentlicht.

Passt das Profil der Förderbedingungen?
- Erfüllt Ihr Gesuch die Kriterien? Gibt es Präferenzen seitens der Kapitalquelle?
- In welchen Bereichen hat die Kapitalquelle bisher gefördert? Suchen Sie nach einem Profil. Wird in Ihrer Sparte finanziert?
- Erstellen Sie einen Rückblick Ihrer bisherigen Tätigkeiten und vergleichen Sie Ihr Profil mit den Anforderungen der Kapitalquelle.
- Notieren Sie sich dabei Gemeinsamkeiten, um später besser argumentieren zu können. Fragen Sie sich dafür selbst, weshalb gerade diese Kapitalquelle in Frage kommen könnte.
- Schreiben Sie nicht wahllos Gesuche. Fokussieren Sie. Sie ersparen sich und den Kapitalgebern unnötige Arbeit.
- In manchen Fällen kann sogar eine telefonische Vorabklärung sinnvoll sein.
- Vermeiden Sie unpersönliche Standardgesuche. Sie werden in der Regel mit einer Absage quittiert oder gar nicht beantwortet.

Passt der zeitliche Rahmen, bin ich genug professionell und flexibel?
- Informieren Sie sich über Termine. In gewissen Fällen werden nur einmal jährlich Gelder gesprochen.
- Seien Sie darauf gefasst, dass eine Gesuchstellung nicht von heute auf morgen bearbeitet wird.
- Arbeiten Sie professionell und vermitteln Sie dabei ein persönliches Engagement.
- Bedenken Sie, dass es einfacher ist, Kapital zu finden, wenn Sie bereits Kapital erhalten haben.
- Seien Sie auf Überraschungen vorbereitet und in Ihrer Haltung auch dementsprechend flexibel.
- Der Beizug von Vermittlerpersonen und von professionellen Gesuchverfassern ist zu empfehlen. Einzige Ausnahme: Stiftungen reagieren negativ auf die mögliche Provision, welche an diese Personen fliessen könnte.
- Sollten Sie auf deren Einsatz nicht verzichten können, stellen Sie sicher, dass diese ausserordentlich gut mit Ihrem Projekt vertraut sind, und legen Sie die verlangten Provisionsbeträge offen.

DOSSIER UND GESUCH ERSTELLEN

Wenn Sie sich nach den Vorarbeiten im Klaren darüber sind, für welche der anvisierten Kapitalquellen Ihr Gesuch in Frage kommen könnte, dann beginnen Sie mit der Erarbeitung Ihres Dossiers.

Wie soll das Dossier aussehen?

- Ordnen Sie Ihre Unterlagen in einer logischen Reihenfolge.
- Bei umfangreichen Dossiers sind Inhaltsverzeichnis und Seitennummerierung angebracht.
- Verfügt eine Kapitalquelle über ein Gesuchsformular, legen Sie dieses mit den darin geforderten Beilagen und vollständig ausgefüllt Ihren Unterlagen bei.
- Seien Sie umfassend in Ihrer Dokumentation, aber vermeiden Sie alles Überflüssige.
- Grundsätzlich gilt: Schreiben Sie leicht verständlich und einleuchtend. Gesuchsprosa ist keine Belletristik.
- Lassen Sie Ihre Texte allenfalls von Drittpersonen und Laien durchlesen.
- Haben Sie Ihr Anliegen klar definiert? Sind Ihre Texte verständlich? Beachten Sie, dass sich die zuständige Person der Förderstelle möglicherweise in Ihrer Sparte nicht so gut auskennt wie Sie.
- Klären Sie vorgängig ab, ob mehr als eine Kopie des Gesuchsdossiers eingereicht werden muss.
- «Bastelarbeiten» sind als Gesuchsunterlagen nicht erwünscht, da diese in der Regel fotokopiert werden müssen.

Die wichtigsten Bestandteile des Gesuchs

1. Einführungsbrief

- In diesem kurz gefassten Brief (nicht mehr als eine A4-Seite) sollten Sie klar verständlich die wichtigsten Punkte des gesamten Dossiers zusammenfassen. Bedenken Sie dabei den Überzeugungseffekt.
- Der Brief sollte datiert und persönlich adressiert sein sowie einen persönlichen Ton anschlagen.
- Erklären Sie, weshalb Sie sich gerade an diese Kapitalquelle wenden.
- Vermeiden Sie dabei einen belehrenden Ton («… das ist genau das, in das Sie investieren sollten»). Bringen Sie eher Ihre Projektbeschreibung argumentativ in die Nähe dessen, was Sie als Fokus der jeweiligen Kapitalquelle annehmen.
- Ein Gesuch, das sich als «Streusendung» zu erkennen gibt, hat bei den Kapitalquellen schlechte Chancen.

2. Wer sind Sie?

- Vergessen Sie nicht Ihre persönlichen Angaben (Name, Adresse, Telefon, E-Mail, Website).
- Stellen Sie sich selbst durch eine kurze Biografie vor.
- Sind mehrere Personen beteiligt, müssen mehrere Biografien angefügt werden. Halten Sie sie aber dementsprechend kürzer.
- Heben Sie Ihre Qualifikationen hervor. Diese können Sie mit den gesammelten Rezensionen oder in

gewissen Fällen auch mit Gutachten positiv unterstreichen.
- Wichtig ist zudem auch die Frage nach der Ansiedlung des Projekts in Ihrem eigenen Lebenslauf oder innerhalb des Tätigkeitsbereiches einer Institution.

3. Einleitende Projektbeschreibung (ca. 2 Seiten)

- Beschreiben Sie Ihr Projekt genau und ausführlich, ohne sich jedoch in den Details zu verlieren.
- Seien Sie überzeugend! Beschreiben Sie Ihr Vorhaben und Ihre Ideen mit Herzblut!
- Wie sind Sie zu Ihrer Idee gekommen?
- Welche Ziele verfolgen Sie?
- Worin liegt die Nachhaltigkeit Ihres Vorhabens? Welches sind die angestrebten Wirkungen?
- Inwiefern hat Ihr Projekt Neuigkeitscharakter?
- Vergleichen Sie es ruhig mit schon finanzierten Projekten.
- Weshalb ist gerade Ihr Projekt besonders finanzierungswürdig und in der Lage, die genannten Ziele zu erreichen?
- In welchem Bereich verfügen Sie über Vorbildcharakter?
- Vermeiden Sie bei der Beschreibung unrealistische Prognosen und allzu utopische Ziele. Bleiben Sie in jedem Fall konkret.

4. Businessplan (ca. 20 Seiten)

Dieser Teil erfordert besondere Genauigkeit. Für Businesspläne gibt es zahllose Vorlagen im Internet. Trotzdem gilt es, einige Punkte besonders zu beachten:

- Da noch kein etabliertes Geschäft besteht, müssen dem potentiellen Investor andere Entscheidungskriterien an die Hand gegeben werden. Von besonderer Bedeutung sind die beruflichen Profile von Ihnen und Ihren Mitgründern; zum Beispiel die Managementfähigkeiten in den Bereichen Marketing, Verkauf, Finanzen, und Technik.
- Legen Sie immer auch persönliche Referenzen bei.
- Führen sie die Partnerschaften mit Kunden, Innovationszentren oder Lieferanten auf, die Sie planen oder im Idealfall bereits eingegangen sind.
- Erklären Sie Ihr Geschäftsmodell. Der Investor will wissen, womit Sie dereinst Ihre und seine Rendite erwirtschaften wollen.
- Beschreiben Sie Ihr Produkt oder Ihre Technologie unter folgenden Aspekten:
  - Unique Selling Proposition
  - Technologievorsprung
  - Skalierbarkeit
  - Patentierbarkeit
  - Beständigkeit vor Substitution
  - Time-to-Market
  - Machbarkeitsstudie und Prototypen

- Beschreiben Sie den Markt mit Angaben zu
  - Zugangsmöglichkeiten
  - Wachstumspotential
  - Konkurrenzsituation
  - Bereits bestehende Kunden
- Zeigen Sie der Kapitalquelle (sollte es weder Stiftung noch Förderpreis sein) die Möglichkeit zum Ausstieg auf; wobei im Falle von Corporate Venture Capital auch zu beschreiben ist, wie die Jungfirma dereinst integriert werden könnte.
- Bereits gegründete Unternehmen sollten den letzten Jahresbericht und die letzte Jahresbilanz beilegen, welche die finanzielle Bedürftigkeit nachweisen.
- Erstellen Sie ein Budget. Achten Sie darauf, die Einnahmen und Ausgaben genau und nachvollziehbar zu planen. Verzichten Sie auch hier auf utopische Ziele.
- Machen Sie – zumindest vorbereitend – mehrere Szenarien (best Case, realistic Case und worst Case)
- Berechnen Sie den Kapitalbedarf für die Startphase.
- Machen Sie sich Gedanken, ob Sie das Kapital als Aktienkapital (eher in früheren Entwicklungsphasen), Fremdkapital (eher in späteren Entwicklungsphasen) oder in einer Mischform (Fremdkapital mit der Möglichkeit zur Umwandlung in Eigenkapital) aufnehmen wollen.

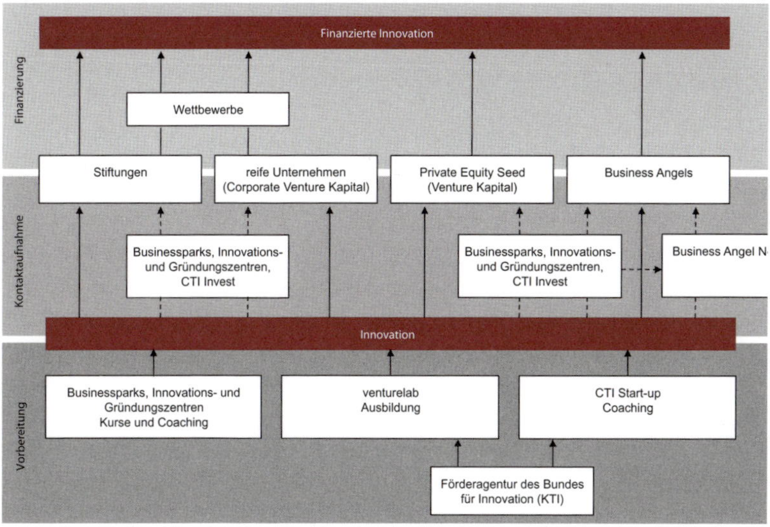

(Quelle: IFZ)

Abbildung 6: Innovationsförderung und -finanzierung in der Schweiz

- Geben Sie das Budget einer erfahrenen Person zum Überprüfen.
- Zählen Sie im Businessplan auf, welche Kapitalquellen Sie angefragt haben, und geben Sie an, welche Beiträge Ihnen allenfalls bereits zugesagt worden sind.

5. Modifikationen/Aktualisierungen

- Sollte Ihr Projekt im Verlaufe der Vorbereitung wichtige Änderungen erfahren, müssen Sie diese den Kapitalquellen, bei denen Ihr Gesuch hängig ist, melden.
- Änderungen beim Stand der Finanzierung Ihres Projekts sollten Sie ebenfalls mitteilen.

Es ist davon auszugehen, dass obige Vorbereitungen nicht alleine geleistet werden können, da meist die Erfahrung fehlt. Hierfür steht mit venturelab, CTI-Startup und den verschiedenen Business Parks, Innovations- oder Gründungszentren Unterstützung zur Seite. Es liegt am Jungunternehmer, diese zu kontaktieren (Adressen am Ende des Kapitels «weitere Unterstützung für Innovation» auf Seite 103). Einerseits können bei diesen Stellen Workshops belegt werden, andererseits stehen erfahrene Coaches zur optimalen Vorbereitung zur Verfügung.
Gut vorbereitet können die einzelnen Kapitalquellen direkt oder indirekt angegangen werden. Das Zusammenspiel von Vorbereitung, Kontaktaufnahme und Finanzierung ist in Abbildung 6, Seite 19, dargestellt, die auch die einzelnen Akteure und ihre Rollen aufzeigt.

STIFTUNGEN UND FÖRDERPREISE

In der Schweiz gibt es für innovative Ideen unzählige Förderpreise (Adressen am Ende dieses Kapitels). Die meisten Ausschreibungen haben einen strukturierten Bewerbungsprozess, der auf der Homepage ersichtlich ist. Bei einigen dieser Preisen ist im Falle eines Gewinns die Erfüllung gewisser Bedingungen erforderlich. So hat der Heuberger Winterthurer Jungunternehmerpreis zur Bedingung, dass ein Drittel des Gewinns bei Lieferanten aus den Mitgliedergemeinden der Standortförderung Winterthur ausgegeben wird. Die W. A. de Vigier Stiftung verlangt, dass der Preisträger Schweizer Bürger ist und Wohnsitz in der Schweiz hat. venture kick verlangt, dass die Bewerber an einer Schweizerischen Hochschule als Studenten, Post-Docs, Assistenten, wissenschaftliche Mitarbeiter oder Professoren eingeschrieben oder beschäftigt sind. Es gilt also vor einer Teilnahme, die entsprechenden Bedingungen sorgfältig zu lesen.

Die einzelnen Preise haben eine Preissumme *von einigen Tausend bis rund 150 000 Franken.* Gewisse bedeuten somit primär «Ehre und Ruhm», an-

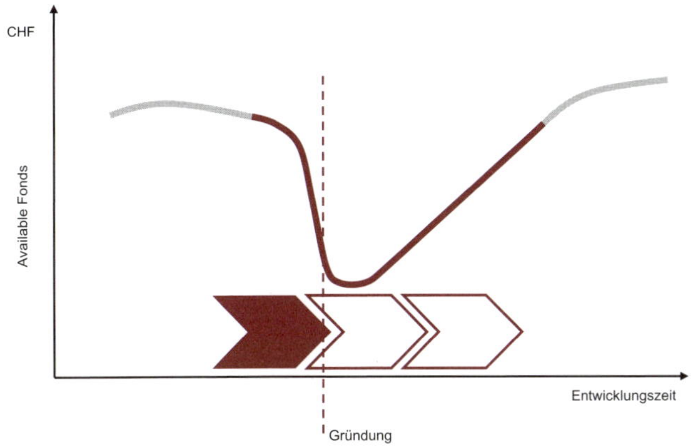

Abbildung 7: Finanzierungsphasen Stiftungn und Förderpreise

dere sind für Jungunternehmer hoch interessant, winken doch beträchtliche Summen (das Swiss Economic Forum vergibt zum Beispiel drei Mal 25 000, de Vigier 100 000, Venture kick 130 000 oder Heuberger Winterthur 150 000 Franken). Meist werden die Preise in einem mehrstufigen Verfahren über verschiedene Ausscheidungsrunden vergeben. Der Heuberger Winterthurer Jungunternehmerpreis, aber auch der Swiss Economic Award haben bis zum Halbfinal eine andere Jury als im Final selbst. Venture kick vergibt eigentlich drei Preise: in einem ersten Preis (venture pitch) werden 10 000 Franken für Talente und Geschäftsideen, in einem zweiten Preis (venture case) 20 000 Franken für den Business Case und in einem dritten Preis (venture kick) 100 000 Franken für die gegründete Firma vergeben. Die bisherige Vergabe in nur drei Jahren bis September 2009 ist sehr eindrücklich:

Anträge	> 370
Finanzierte Projekte	85
venture pitch	85 Projekte mit je 10 000 Franken
venture case	38 der 85 Projekte mit je 2000 Franken
venture kick	13 der 38 Projekte mit je 100 000 Franken

Aus diesen Preisen sind 61 Firmen mit einem Finanzierungsvolumen von nahezu 20 Millionen Franken und 140 Arbeitsplätzen entstanden. Hinter venture kick stehen die Gebert Rüf, Ernst Göhner und die Zürcher OPO Stiftung. Typischerweise sind Innovationspreise in der Zeit bis zur Gründung eine spannende Kapitalquelle. Selbstverständlich steht aber auch nach der Zeit der Gründung einer Teilnahme nichts im Wege. Meist ist das Alter der Firmen aber begrenzt, zum Beispiel «Gründung nach 1. Januar 2007» oder «Alter der Firma maximal sechs Jahre».

Neben den Innovationspreisen stehen in dieser frühen Entwicklungsphase auch Stiftungen als Kapitalquelle zur Verfügung. Meist leisten diese à fonds perdu Zuschüsse oder zinslose Darlehen. Beim Fördergesuch an eine Stiftung gilt es folgendes zu beachten:

- Stiftungen haben grundsätzlich genau verankerte Stiftungszwecke, welche nicht umgangen werden können.
- Ein Gesuch hat somit nur Aussicht auf Erfolg, wenn es mit dem Stiftungszweck übereinstimmt oder sich demselben so weit als möglich annähert.
- Stiftungen fördern im Allgemeinen lieber Projekte als ganze Organisationen und deren Betriebskosten.
- Viele Stiftungen lieben langjährige Partnerschaften.
- Viele Stiftungen fördern nur eigene Projekte. Die Eingabe eines Gesuchs erübrigt sich also.
- Kommerzielle Unternehmen werden von Stiftungen nur in den seltensten Fällen unterstützt (Innovationsfindung: Ja, kommerzielle Verwertung: Nein).

Auch wichtig zu wissen ist, dass Stiftungen und Innovationspreise eine gewisse Durchlaufzeit benötigen. Nicht selten wird die Kapitalauszahlung nur an gewissen Terminen je Jahr durchgeführt, womit eine *Durchlaufzeit von sechs bis zwölf Monaten* von der Bewerbung bis zur Auszahlung keine Seltenheit ist.
In einer ähnlichen Rolle wie die Stiftungen ist der Bund mit der Förderagentur für Innovation KTI aktiv. Innovative Projekte können durch KTI unterstützt werden, wenn sich eine Hochschule oder eine andere wissenschaftliche Institution am Projekt beteiligt. Die KTI übernimmt dann die Lohnkosten der akademischen Mitarbeiter im Umfang von maximal 50 Prozent der Gesamtprojektkosten. Martin Bopp beschreibt die Rolle der KTI detailliert im Nachgang zu den vier Fallbeispielen. Im Vergleich zu Stiftungen ist die KTI schneller: Die Entscheidungssitzungen der KTI finden in kürzerer Kadenz statt. Die Durchlaufzeit beträgt bei vollständiger Dokumentation einen bis zwei Monate.
Vor dem Interview sollen nun aber vier Fallbeispiele zeigen, wie Innovationspreise und Stiftungsgelder zum Aufbau einer Firma getragen können.

Firma	Tätigkeit	Branche
Celeroton	Antriebssysteme	Industrial Engineering
Enairys	Energiespeicherung	Greentech
xsmart	Mobile Solutions	ICT
Pearltec	Fixierungssysteme	Medtech

FALLBEISPIEL CELEROTON

Celeroton
ultra-high-speed electrical drive systems

Celeroton entwickelt und produziert ultra-hochdrehende elektrische Antriebssysteme. Diese Systeme kommen bei OEM Kunden aus verschiedenen Anwendungsgebieten zum Einsatz: in der Medizinaltechnik, auf dem Gebiet der erneuerbaren Energien sowie in umweltfreundlichen und energiesparenden Autos und nicht zuletzt auch in der der Elektronikherstellung.

Folgende Industriebedürfnisse werden gedeckt:

- Äusserst leichte und kompakte Systeme: Mit einer hohen Rotationsgeschwindigkeit nehmen Grösse und Gewicht des Gesamtsystems ab, was zu Kosteneinsparungen im Materialbereich und zur Erhöhung der Produktivität führt.
- Höhere Effizienz: Durch optimale Konzeption und Auslegung der Sys-

teme werden höchste Wirkungsgrade erreicht.

Celeroton ist ein Spin-off der ETH Zürich und wurde im Jahr 2008 gegründet. Das Know-how basiert auf der Forschung am Institut für Leistungselektronik der ETH Zürich.
www.celeroton.com

Interview mit Dr. Martin Bartholet, Co-Gründer

Welche Preise haben Sie bisher gewonnen?

Wir konnten in unserer jungen Geschichte bisher diverse Preise gewinnen: Wir erreichten die dritte Runde von Venture kick mit einer Preissumme 130 000 Franken. Wir wurden Dritte bei Venture 2008; und zwar in der Phase «Businessplan». Und schliesslich gehörten wir zu den Gewinnern des W. A. de Vigier Preis 2009; die Preissumme hier: 100 000 Franken.

Wie sind Sie auf die Teilnahme an diesem Wettbewerb/Ausschreiben gekommen?

Wir hatten Kontakt mit dem Institut für Jungunternehmen (IFJ). Wir wurden angefragt, ob wir am Wettbewerb Venture kick teilnehmen wollten. Wir waren unter den ersten Teilnehmern.

Wie haben Sie das Kapital erhalten?

Einzig Venture kick wurde in drei Staffeln ausbezahlt, das restliche Kapital wurde einmalig ausbezahlt.

Mussten/Müssen Sie das Kapital zurückbezahlen?

Das Kapital von Venture kick muss im Falle eines IPO und Verkaufs der Firma zurückbezahlt werden.

Erhalten Sie weitere Leistungen neben Geld, zum Beispiel ein Coaching?

Bei Venture kick gab's jeweils nach der Präsentation einen Workshop, der sehr zu empfehlen ist. Bei «Venture» konnte man Module auswählen. Auch beim W. A. de Vigier gab es einen Tag Workshop in Präsentationstechnik.

Finanzierungseigenschaften

Art	Neugründung	√
	Kapitalerhöhung	
Kapitalart	Aktienkapital	
	Darlehen	
	zinsloses Darlehen	√
	Mezzanine	
	a Fond perdu / Preisgeld	√
Kapitalform	einmalig	√
	gestaffelt	√
Einflussnahme	Verwaltungsrat	
	Beirat	
	Reviewgespräche	
	Operative Unterstützung	
Zusatznutzen	Wissen	√
	Infrastruktur	
	Kunden	
	Reputation	
	weiteres	
Kapitalsuche	Internet	
	persönliches Umfeld	
	Investorenvereinigung	
	Stiftungen	√
	Hochschule	√
	Wettbewerb	√

FALLBEISPIEL ENAIRYS POWERTECH SA

Erneuerbare Energien können in Form von Wärme, Gas, Biodiesel oder Strom aufbereitet werden; wobei im Fall der Elektrizität ein Speicherproblem entsteht, weil Batterien ineffizient sind. Eine mögliche Lösung hat der Lausanner ETH-Spin-off Enairys gefunden: hydropneumatische Systeme, welche Energie in Druck umwandeln und verfügbar halten. Das Unternehmen wurde Ende 2008 gegründet.
www.enairys.com

Interview mit Dr. Sylvain Lemofouet-Gatsi, Gründer

Welche Preise haben Sie bisher gewonnen?
Ich habe bei Venture kick die erste Runde erreicht. Dann erhielt ich den den Regionalpreis von Lausanne sowie den Preis Liechti («Coup de Pouce»). Und schliesslich habe ich Kapital von der Stiftung FIT erhalten. Es handelt sich um zurückzahlbares Fremdkapital einer Stiftung.

Wie sind Sie auf die Teilnahme an diesem Wettbewerb/Ausschreiben gekommen?
Es war eine gute Gelegenheit, an Finanzkapital zu gelangen. Ich stellte hierfür meine Produkte und meine Pläne im Rahmen von Veranstaltungen vor. Allerdings ist mein Unternehmen noch in der Seed-Phase, was die Situation nicht gerade erleichtert. Ferner benötige ich noch einen ausgereiften Prototypen, um meine Technologie zu beweisen.

Wie haben Sie das Kapital erhalten?
Das Stiftungskapital von FIT und die übrigen Preise wurden auf einmal ausbezahlt. Bei Venture kick wurde ich in der zweiten Runde leider abgelehnt.

Finanzierungseigenschaften

Art	Neugründung	√
	Kapitalerhöhung	
Kapitalart	Aktienkapital	
	Darlehen	
	zinsloses Darlehen	√
	Mezzanine	
	a Fond perdu / Preisgeld	√
Kapitalform	einmalig	√
	gestaffelt	
Einflussnahme	Verwaltungsrat	
	Beirat	
	Reviewgespräche	
	Operative Unterstützung	
Zusatznutzen	Wissen	√
	Infrastruktur	
	Kunden	
	Reputation	
	weiteres	
Kapitalsuche	Internet	√
	persönliches Umfeld	
	Investorenvereinigung	
	Stiftungen	√
	Hochschule	√
	Wettbewerb	√

Mussten/Müssen Sie das Kapital zurückbezahlen?
Das Stiftungskapital ist rückzahlungspflichtig. Die Preise nicht.

Erhalten Sie weitere Leistungen neben Geld, zum Beispiel ein Coaching?
Mir wird von der Stiftung ein Coach zur Verfügung gestellt, den ich bei Fragen kontaktieren kann. Bei logistischen und Marketing-technischen Problemen kann ich mich ebenfalls an meinen Coach wenden. Ich kann die Räumlichkeiten und Instrumente der ETH Lausanne mitnutzen. Es existieren hierzu Verträge und Abmachungen. Daneben habe ich Kontaktmöglichkeit zu anderen durch die Stiftung FIT finanzierten Unternehmen. Schliesslich erhielt ich auch eine Schulung bei CTI Start-up.

FALLBEISPIEL XSMART AG

xsmart
swiss security technology

Die verschiedenen Dienstleistungen im Mobiltelefonbereich (Mobile Business) von Xsmart unterstützen die Promotions-, Verkaufs- und Ticketing-Prozesse von Dienstleistungsanbietern. Als Beispiel lässt sich der Kauf eines Nachzuschlages im Zürcher Verkehrsverbund (ZVV) mittels SMS oder die Bezahlung von Parkgebühren durch Anruf auf einer Telefonnummer nennen. Die Bezahlung erfolgt durch Belastung der jeweiligen Mobiltelefonrechnung. Xsmart ist ein Spin-off der Up-Great AG und gewann den Heuberger Winterthur Jungunternehmerpreis. Der SMS-Nachtzuschlag des ZVV gewann am Best of Swiss Web 2009 Award in der Kategorie Technology Innovation die Bronze-Auszeichnung. Das Projekt wurde mit dem Prädikat «Überzeugende Idee im jeweiligen Fachgebiet» ausgewählt. In der Kategorie Public Affairs erreichte die Lösung die Shortliste, was dieser die Anerkennung als solides ICT-Projekt «swiss made» einbringt.
www.xsmart.ch

Interview mit Chris Baumann, CEO

Welche Preise haben Sie bisher gewonnen?
Wir konnten bisher einige Preise gewinnen: zum Beispiel den Heuberger Winterthur Jungunternehmerpreis sowie den Convergator's Award an der CeBIT 2006. Ausserdem wurden wir in den Jahren 2005, 2007 und 2009 mit dem «Best of Swiss Web»-Gütesiegel ausgezeichnet.

Wie sind Sie auf die Teilnahme an diesen Wettbewerben/Ausschreibungen gekommen?
Ich nahm am Heuberger Winterthur Jungunternehmerpreis teil, da ich sel-

ber Winterthurer bin. Wir gingen 2005 mit der Grundidee unserer Firma an diesen Anlass. Damals hatten wir weder ein Produkt und noch Kunden; wir bauten alles auf einer Idee auf. Wir wollten unsere Idee präsentieren, was uns auch sehr gut gelang, zumal wir Runde für Runde weiterkamen. Wir mussten Businesspläne abgeben, welche de facto Grobschätzungen waren. Am Convergator's Award nahmen wir teil, da er von unserer Schwesterfirma empfohlen wurde. Die «Best of Swiss Web»-Gütesiegel wurden uns zugesprochen.

Wie haben Sie das Kapital erhalten?
Das Preisgeld vom Heuberger Winterthur Jungunternehmerpreis wurde nur zu einem Drittel direkt auf unser Bankkonto ausbezahlt. Die verbleibenden zwei Drittel werden durch kontinuierliche Auftragsvergabe vergeben. Die Bedingung dabei lautet, dass Lieferanten in der Region Winterthur berücksichtigt werden. Die gleichen Dienstleistungen wären im Ausland – in unserem Fall konkret in der Ukraine – günstiger erhältlich gewesen. Der Convergator's Award und die drei «Best of Swiss Web»-Gütesiegel sind nicht dotiert und sorgen somit «nur» für Reputation und Aufmerksamkeit.

Mussten/Müssen Sie das Kapital zurückbezahlen?
Nein. Das Preisgeld des Heuberger Winterthur Jungunternehmerpreises müssen die ausgezeichneten Firmen nicht zurückzahlen.

Erhalten Sie weitere Leistungen neben Geld, zum Beispiel ein Coaching?
Ja. Wir haben diese aber nicht genutzt, da nur ein Teil abgedeckt worden wäre. Heute gibt es für die Gewinner desselben Preises aber konkrete Coaching-Programme.

Finanzierungseigenschaften

Art	Neugründung	√
	Kapitalerhöhung	
Kapitalart	Aktienkapital	
	Darlehen	
	zinsloses Darlehen	
	Mezzanine	
	a Fond perdu / Preisgeld	√
Kapitalform	einmalig	√
	gestaffelt	
Einflussnahme	Verwaltungsrat	
	Beirat	
	Reviewgespräche	
	Operative Unterstützung	
Zusatznutzen	Wissen	√
	Infrastruktur	
	Kunden	
	Reputation	
	weiteres	
Kapitalsuche	Internet	√
	persönliches Umfeld	
	Investorenvereinigung	
	Stiftungen	
	Hochschule	
	Wettbewerb	√

FALLBEISPIEL PEARLTEC AG

Der ETH-Spin-off Pearltec AG entwickelt innovative Lagerungshilfen, welche Patienten während Untersuchungen mit Computertomographen (CT) oder Magnetresonanztomographen (MRI) besser fixieren und dadurch die Bildqualität steigern, den Patientenkomfort verbessern und zu Einsparungen fürs Spital führen. CT und MRI sind zwei gut entwickelte und entsprechend weit verbreitete Diagnosemethoden. Die Scandauer bewegt sich zwischen zehn Sekunden und einer Stunde. Der Patient muss in dieser Zeit regungslos liegen bleiben, obwohl er generell nervös ist. Zu viel Bewegung führt zu schlechterer Bildqualität und im schlimmsten Fall muss die Aufnahme wiederholt werden, was entsprechende Kosten und Strahlenbelastung nach sich zieht. Unsere Produkte führen zu besserer Bildqualität, höherem Patientenkomfort und durch Prozessoptimierung zu finanziellen Einsparungen fürs Spital.
www.pearltec.ch

Finanzierungseigenschaften

Art	Neugründung	√
	Kapitalerhöhung	
Kapitalart	Aktienkapital	
	Darlehen	
	zinsloses Darlehen	
	Mezzanine	
	a Fond perdu / Preisgeld	√
Kapitalform	einmalig	
	gestaffelt	√
Einflussnahme	Verwaltungsrat	
	Beirat	
	Reviewgespräche	
	Operative Unterstützung	
Zusatznutzen	Wissen	
	Infrastruktur	
	Kunden	
	Reputation	
	weiteres	
Kapitalsuche	Internet	√
	persönliches Umfeld	√
	Investorenvereinigung	
	Stiftungen	√
	Hochschule	√
	Wettbewerb	√

Interview mit Patrizia Fischer, CEO

Welche Preise haben Sie bisher gewonnen?

Wir konnten bisher drei Preise gewinnen: Bei Venture kick erhielten wir in drei Runden gestaffelt insgesamt 130 000 Franken. Ausserdem gewannen wir die IMD Start-up Competition und waren «Venture Leaders».

Wie sind Sie auf die Teilnahme an diesen Wettbewerben/Ausschreibungen gekommen?

Ich befasste mich mit CTI, Venturelab, Venture kick und baute mein Netzwerk in diesem Gebiet auf. Ich präsentierte meine Firma und meine Vorstellungen an verschiedenen Orten, um die sich bietenden Finanzierungschancen «am Schopf zu packen».

Wie haben Sie das Kapital erhalten?
Venture kick wurde in drei Stufen (10 000, 20 000, 100 000 Franken) ausbezahlt. Die anfänglich festgelegten Meilensteine waren zu definieren und mussten anschliessend erreicht werden. Bei jeder einzelnen Stufe war eine persönliche Präsentation notwendig. Die gesetzten Meilensteine wurden jeweils erreicht. Nach jeder Stufe wurde die Firma weiterentwickelt, damit sie in der Lage war, auch die neuen Ziele zu erreichen.

Mussten/Müssen Sie das Kapital zurückbezahlen?
Nein, das Kapital ist à fonds perdu zugeflossen. Somit gehen wir ohne Belastung in die Zukunft.

Erhalten Sie weitere Leistungen neben Geld, zum Beispiel ein Coaching?
Venturelab bietet diverse Programme für junge innovative Unternehmen an. Dazu gehört auch Coaching. Zudem gibt es auch noch das CTI Start-up Coaching sowie das Postlabel Coaching, nachdem man das Label erreicht hat. Zudem konnten wir auf Arbeitsleistung von den Studenten des Lausanner IMD zurückgreifen.

ROLLE DER KTI

Schweizerische Eidgenossenschaft
Confédération suisse
Confederazione Svizzera
Confederaziun svizra

Förderagentur für Innovation KTI

Interview mit Dr. Martin Bopp, Leiter Start-up-Förderung

Wie unterstützt die KTI in der Schweiz den Innovationsprozess?
Die KTI ist die Förderagentur für Innovation des Bundes. Der Bund unterstützt den Innovationsprozess, indem gezielt die Zusammenarbeit von Wirtschaftspartnern mit der angewandten Hochschulforschung gefördert wird. Die Hauptaktivitäten der KTI beinhalten erstens die F&E-Projektförderung, zweitens den Bereich Start-up-Förderung und Unternehmertum sowie drittens den Wissens- und Technologietransfer.

Was beinhaltet die KTI-Aktivität der F&E-Projektförderung?
Bei der F&E-Projektförderung wird die Brücke zwischen Labor und Markt geschlagen. Zwingend vorausgesetzt wird, dass zwei Partner – ein Industrie- und ein Hochschulpartner (ETH, Universität oder Fachhochschule) – ein gemeinsames Projekt betreiben. Im Rahmen dieses Projekts finanziert KTI bis zu 50 Prozent der Projektkosten, wobei das Fördergeld ausschliesslich in die Hochschulen fliesst. Von Seiten des Industriepartners werden die restlichen Kosten finanziert, sei dies in Form von Mitarbeiterstunden,

Gerätekosten, Material, Cash oder in anderer Form. Im Jahr 2008 sind im Rahmen der F&E-Projektförderung rund 88 Millionen Franken Bundesgelder in Projekte geflossen, und von fast 450 eingereichten Fördergesuchen konnte mehr als die Hälfte der Gesuche bewilligt werden.

Was ist unter «Start-up-Förderung und Unternehmertum» zu verstehen?

Im Rahmen der Aktivitäten des Bereichs «Start-up-Förderung und Unternehmertum» werden Aus- und Weiterbildungsmodule von Venturelab für potentielle Unternehmensgründer angeboten. Im Weiteren existiert für Personen, welche unmittelbar vor der Unternehmensgründung stehen oder ihre Firma bereits gegründet haben, die KTI-Start-up-Förderung zur Verfügung. Dieses Programm beinhaltet ein sechs bis 18 Monate, bis zu 200 Stunden dauerndes professionelles Coaching durch von KTI engagierte, erfahrene Coaches, welche eine praktische und marktorientierte Betreuung anbieten.

Welche Ziele verfolgt der KTI-Wissens- und -Technologietransfer?

Die Projektlinie des KTI-Wissens- und -Technologietransfers beinhaltet den Aufbau verschiedener Konsortien, welche als Anlaufstelle im Erstkontakt mit Firmen fungieren, wenn es um die Anbahnung von Forschungs- und Entwicklungsprojekten mit Forschungseinrichtungen geht. Im Weiteren bezwecken die Konsortien die Netzwerkbildung in Sachen Forschung und Innovation.

Für welche Firmen und Projekte ist die KTI der richtige Ansprechpartner?

Der Grundsatz von KTI lautet, dass forschungsbasierte Projekte gefördert werden. Die Förderung steht grundsätzlich allen Wissenschaftsdisziplinen offen und ist nicht auf den Bereich der Technologie beschränkt. Vorausgesetzt wird in jedem Fall ein Hochschul- und ein Umsetzungspartner. Wichtige Förderkriterien sind Innovationsgehalt, ein nachhaltiges, wirtschaftliches Umsetzungspotential sowie – nach Möglichkeit – die Skalierbarkeit des Geschäftsmodells. Überdies muss die Wertschöpfung in der Schweiz generiert werden.

Wo sind die Möglichkeiten und Grenzen der KTI?

KTI stellt sowohl finanzielle als auch personelle Ressourcen im Interesse der forschungsbasierten Innovation zur Verfügung. Was die Branchen betrifft, bestehen von Seiten KTI keine Vorgaben. Im Gegensatz zu Nationalfondsprojekten bestehen bei KTI-Gesuchen keine Calls. Vielmehr können Gesuche jederzeit eingereicht werden. So dauert es beispielsweise von der Einreichung eines F&E-Projektförderungsgesuchs bis zur Bewilligung lediglich sechs bis acht Wochen. Neu eingeführt hat KTI den sogenannten Innovationsscheck, mit welchem Unternehmen von einer Hochschule bis zu einem geförderten Höchstbetrag von 7500 Franken F&E-Leistungen beziehen können. KTI spricht keine Gelder, wenn es um reine Forschungsprojekte geht. Überdies leistet KTI auch keine Beiträge an private Firmen.

Wie ist das Zusammenspiel von KTI mit anderen Kapitalgebern?
Fördergelder des Bundes fliessen ausschliesslich direkt an die Hochschulpartner und werden tranchenweise, in Abhängigkeit von der Erreichung gewisser Milestones ausbezahlt. Die Wirtschaftspartner können indirekt von diesen Fördergeldern profitieren, wenn die Ergebnisse des gemeinsam finanzierten Forschungsprojekts erfolgreich im Markt eingeführt werden können. Anzufügen ist im Zusammenhang mit Kapitalgebern, dass über den Verein CTI invest – eine Private Public Partnership in Form einer Matchmaking-Plattform – interessierte Investoren Zugang zu Präsentationen von erfolgsversprechenden Start-up-Firmen der KTI haben. KTI unternimmt demzufolge Anstrengungen, Firmen mit Kapitalgebern zu vernetzen. Diese Vernetzungsfunktion wird auch über das aktive Netzwerk der Coaches wahrgenommen.

MOTIVATION ZUR STIFTUNG

HEUBERGER WINTERTHUR
JUNGUNTERNEHMERPREIS

Interview mit Robert Heuberger
Wie sind Sie auf die Idee gekommen, einen Jungunternehmerpreis zu stiften?
Meine Firma SISKA hatte im 1994 das 40-jährige Jubiläum. Als eine mit der Region sehr verbundene Person wollte ich zu diesem Anlass etwas Spezielles für den Wirtschaftsstandort Winterthur machen. So kam der Gedanke, zusammen mit dem damaligen Stadtmarketing Winterthur (heute ist dies die Standortförderung Region Winterthur) einen Jungunternehmerpreis zu initiieren. Im 1995 wurde dieser Preis dann zum ersten Mal an drei Unternehmen der Region Winterthur verliehen, die je 150 000 Franken erhielten.

Wie kam es zur Wiederholung dieser Idee?
Fluitec Georg AG, einer der Hauptgewinner von 1995, hat uns im Jahr 2004 das Preisgeld zurückbezahlt. Und das, obwohl es in keiner Art und Weise Bedingung des Wettbewerbes war. Diese Geste hat uns veranlasst, den Betrag aufzustocken und 2005 (und danach alle zwei Jahre) wiederum einen Jungunternehmerpreis auszuschreiben.

Wer ist zugelassen und wie erfolgt die Bewerbung?
Für den Wettbewerb sind Jungunternehmen oder Start-ups, die vor der Gründung beziehungsweise in der

Gründungphase stehen oder aber in den letzten zweieinhalb Jahren gegründet wurden. Für den Wettbewerb 2009 waren Unternehmen zugelassen, die nach dem 1. Januar 2007 gegründet wurden. Bedingung ist, dass es sich um eine innovative Geschäftsidee mit einem innovativen Produkt beziehungsweise einer innovativen Dienstleistung handelt, die langfristig Arbeitsplätze schaffen kann. Diejenigen Teilnehmer, die noch keine Firma (AG oder GmbH) gegründet haben, müssen innert dreier Monate nach Preisvergabe die Gründung vollziehen. Des Weiteren verpflichten sich die Teilnehmer, sich vollberuflich in ihrem neuen Unternehmen zu engagieren, in der Deutschschweiz zu wohnen und ein kostenloses Coaching in Anspruch zu nehmen. Das monatliche Coaching dauert drei Jahre und soll die Wahrscheinlichkeit eines nachhaltigen Erfolgs sicherstellen.

Was prüft die Jury und in welchen Schritten erfolgt die Prämierung?
Die Jury wählt zusammen mit dem Institut für Jungunternehmen aus den eingesendeten Vorschlägen zwölf Firmen für das Halbfinal. Bewertet werden neben der Vollständigkeit und Aufbereitung der Unterlagen Punkte wie der Innovationsgrad, das Wachstumspotential, die daraus mögliche Schaffung von Arbeitsplätzen, das Geschäftsmodell und die daraus abgeleitete Steigerungsmöglichkeit des Ertrages, die Chancen für eine effektive Umsetzung sowie die persönliche Präsentation der Finalisten. Von den zwölf Teilnehmern im Halbfinal werden dann deren sechs für das Final nominiert. Diese sechs Finalisten stellen ihre Geschäftsidee am Final der Final-Jury vor.

Wie wird das Preisgeld ausbezahlt?
Von den 150 000 Franken Preisgeld werden zwei Drittel direkt an die Gewinner ausbezahlt. Neben den bereits genannten Pflichten gibt es keine weiteren Auflagen. Die restlichen 50 000 Franken werden auf einem Sperrkonto bereitgestellt. Dieses Geld kann nach Kontrolle durch die Standortförderung Region Winterthur für Produkte und Leistungen aus der Region Winterthur beziehungsweise aus Mitgliedergemeinden der Standortförderung Region Winterthur beansprucht werden. So schliesst sich der Kreis, dass schlussendlich der mir wichtige Wirtschaftsstandort Winterthur zumindest indirekt gefördert werden soll.

Wie sehen Sie die zukünftige Entwicklung?
Ich gehe davon aus, dass der Jungunternehmerpreis weiterhin bestehen wird. Die finanzielle Sicherheit habe ich gelegt, indem ein gewisser Anteil der SISKA Gewinne für solche Aktivitäten in die Stiftung fliessen müssen. Durch die aktuelle Wirtschaftskrise sind wir aber auch mit weiteren Massnahmen zur Förderung von jungen

Unternehmen der Region Winterthur aktiv. So stehen wir während dieser schwierigen Zeit den Unternehmen bei Finanzierungsfragen zur Seite. Wir übernehmen gegenüber der Bank einen Teil des Risikos durch Bankgarantien, womit die Wahrscheinlichkeit einer Kreditgewährung zunimmt. In einem ersten Fall haben wir sogar 100 Prozent des Risikos durch Bankgarantien über 1.2 Millionen Franken abgedeckt, so dass sich der Unternehmer vollumfänglich auf seine Kunden und deren Bestückung mit innovativen Produkten oder Dienstleistungen konzentrieren konnte.

ZUSAMMENFASSUNG STIFTUNGEN UND FÖRDERPREISE

Stiftungen und Förderpreise sind in der frühen Phase von Innovation eine gut erreichbare Kapitalquelle. Das Kapital wird meist in Form von A-fonds-perdu-Zuschüssen oder zinslosen Darlehen und auf einmal ausbezahlt; die drei Stufen von Venture kick stellen eine Art Staffelung dar und sind eher die Ausnahme.

Bei gewissen Stiftungen und Förderpreisen wird ein Coaching mit angeboten, aber ansonsten besteht keine weitere Einflussnahme auf den Innovator. Den Rahmenbedingungen von Ausschreibungen wie zum Beispiel vorgeschriebener Wohnort oder Gründungszwang muss selbstverständlich Rechnung getragen werden.

Auch der Bund ist in dieser frühen Phase aktiv. Über die Förderagentur für Innovation KTI ist er im Coaching sowie in der Projektfinanzierung tätig.

Finanzierungseigenschaften

Art	Neugründung	√
	Kapitalerhöhung	
Kapitalart	Aktienkapital	
	Darlehen	
	zinsloses Darlehen	√
	Mezzanine	
	a Fond perdu / Preisgeld	√
Kapitalform	einmalig	√
	gestaffelt	√
Einflussnahme	Verwaltungsrat	
	Beirat	
	Reviewgespräche	
	Operative Unterstützung	
Zusatznutzen	Wissen	
	Infrastruktur	
	Kunden	
	Reputation	
	weiteres	

ADRESSEN VON STIFTUNGEN

Eidgenössische Stiftung zur Förderung schweizerischer Volkswirtschaft durch wissenschaftliche Forschung
Dr. R. W. Arndt
Turnerstrasse 14
8006 Zürich
Tel. +41 44 363 24 29
www.volkswirtschaft-stiftung.ch

Ernst Göhner Stiftung
Artherstrasse 19
Postfach 350
6301 Zug
Tel. +41 41 729 66 33
www.ernst-goehner-stiftung.ch

Fondation pour l'innovation technologique (FIT)
Chambre vaudoise du commerce et de l'industrie
A. d'Ouchy 47
CP 315
1001 Lausanne
Tel. +41 21 613 35 35
www.fondation-fit.ch

Gebert Rüf Stiftung
Bäumleingasse 22/4
4051 Basel
Tel. +41 61 270 88 22
www.grstiftung.ch

Huber-Schiegg Stiftung
c/o Weita AG
Fabrikmattenweg 4
4144 Arlesheim
Tel. +41 61 706 66 00

OPO-Stiftung
Kirchgasse 42
8001 Zürich
Tel. +41 79 458 96 65 (Martin Schmid, Sekretär des Stiftungsrates)
www.opo-stiftung.ch

Sandoz Family Foundation (SFF)
Sandoz Family Office SA
Avenue Général-Guisan 95
1009 Pully
Tel. +41 21 721 13 39
www.sandozfondation.ch

Stiftung für technologische Innovation
c/o Berner Fachhochschule Technik und Informatik
Seevorstadt 103b
Postfach
2501 Biel
Tel. +41 32 321 62 35
www.sti-stiftung.ch

W. A. de Vigier Stiftung
Im Vigierhof
Hauptgasse 50
4500 Solothurn
Tel. +41 32 624 52 72
www.devigier.ch

Ypsomed Innovations Fond
Dr. Christoph Rindlisbacher
Brunnmattstrasse 6
3401 Burgdorf
Tel. +41 34 424 3243
www.innovationsfonds.ch

ADRESSEN VON FÖRDERPREISEN

Aargauische Kantonalbank
Aargauer Unternehmerpreis 2010
Bahnhofstrasse 58
Postfach
5001 Aarau
Tel. +41 62 835 73 00
www.akb.ch/unternehmerpreis

Best of Swissweb
Zwingerstrasse 12
4002 Basel
Tel. +41 61 366 63 50
www.bestofswissweb.ch

Zentrum Brugg
Sekretariat Brugger Innovationspreis
c/o Büro Brugg GmbH, Martin Jakob
Neumarktplatz 12
5201 Brugg
Tel. +41 56 442 42 72
www.zentrumbrugg.ch/Innovations-preis

Cantonal Sustainable Prize (Genf)
Av. Blanc 53
1202 Genf
Tel. +41 22 327 06 67
www.geneve.ch/agenda21/bourse_et_prix

CIPRA Wettbewerb «cc.alps»
CIPRA International
Im Bretscha 22, Postfach 142
9494 Schaan
Fürstentum Liechtenstein
Tel. +423 237 40 33
www.cipra.org/cc.alps

Collano Innovation Grant
Collano AG
Communication
6203 Sempach-Station
Tel. +41 41 469 92 15
www.collano.com

design network switzerland award
Schweizer Grafiker Verband
Schulhausstrasse 64
8002 Zürich
Tel. +41 44 201 07 37
www.designnetwork.ch

De-Vigier-Preis
W.A. de Vigier Stiftung
Hauptgasse 50
4500 Solothurn
Tel. +41 32 621 84 15
www.devigier.ch

[Electrosuisse-Preise: ETG-Innovationspreis, ITG-Innovationspreis, Anerkennungspreis]
Electrosuisse
Luppmenstrasse 1
8320 Fehraltdorf
Tel. +41 44 956 11 11
www.electrosuisse.ch (In Suchmaske entsprechenden Preis eingeben)

Entrepreneur Of The Year
Ernst & Young
Postfach
8022 Zürich
Tel. +41 58 286 34 85
www.ey.com/ch/eoy

Esprix Swiss Excellence Award
Postfach 100
8070 Zürich
Tel. +41 44 281 00 13
www.esprix.ch

European Biotechnica Award
Deutsche Messe
Messegelände
30521 Hannover / Deutschland
Tel. +49 511 89-0
www.biotechnica-award.de

European IST Price
Rue St. Dominique 28
75007 Paris / Frankreich
Tel. +33 1 53 59 53 40

Eurowards
Spirit of Enterprise Group
Avenue de la Chênaie 167
1180 Brussels, Belgium
www.eurowards.com

F.I.E.R. Fondation d'impulsion économique régionale
Fondation d'Impulsion Economique Régional (FIER)
c/o Me Gobat
Av. de la Gare 41, 2800 Delémont
Tel. +41 32 422 56 17
eco.jura.ch/Scripts/Modules/Objects/Detail.aspx?idn=84&id=416#

Fondation Altran pour l'Innovation
2, rue Paul Vaillant-Couturier
92300 Levallois-Perret / Frankreich
Tel. +33 1 46 17 45 11
www.fondation-altran.org

Gate2Growth Venture Contest
Place E. Flagey 7/7
1050 Brussels
Belgien
Tel. +32 2 644 65 80
www.e-unlimited.com/gate2growth/

Heuberger Winterthur Jungunternehmerpreis
Im Hauptbahnhof
Postfach
8401 Winterthur
Tel. +41 52 267 67 95
www.jungunternehmer-preis.ch

Innoprix SoBa
Amthausplatz 4
Postfach 262
4502 Solothurn
Tel. +41 32 626 06 56
www.baloise.ch/innoprixsoba

Innovationspreis der Zentralschweizer Handelskammer
Kapellplatz 2
6004 Luzern
Tel. +41 41 410 68 89
www.hkz.ch/veranstaltungen/va_innovpreis.asp

Innovationspreis Kanton Freiburg
Wirtschaftsförderung Kanton Freiburg
Avenue de Beauregard 1
1700 Fribourg
Tel. +41 26 425 87 00
www.frinnovation.ch

James Dyson Award
Dyson International Press Office
James Dyson Foundation
3–5 Ives Street
London SW3 2ND
+44 20 7833 8244
www.jamesdysonaward.org

JA-YE Europe Enterprise Challenge
JA-YE Europe
Bld. Général Jacques 263g
1050 Brussels / Belgien
Tel. +32 2 626 60 11
www.ja-ye.org

KMU Primus der KB St. Gallen
St. Leonhardstrasse 25
9001 St. Gallen
Tel. +41 800 880 999
www.sgkb.ch/kmuprimus

KPMG Tomorrow's Market Award
www.kpmg.ch/WhoWeAre/9465.htm

Le Prix Louis-Jeantet de médecine
Louis-Jeantet Foundation
P.O. Box 270
1211 Geneva 17
Tel. +41 22 704 36 36
www.jeantet.ch/e/prize/prize.php

Life Sciences Preis
Platform Basel
c/o VISCHER Anwälte und Notare
Dr. Matthias Staehelin
Aeschenvorstadt 4
4010 Basel
Tel. +41 61 279 33 00
www.lifesciencesprize.ch

Swiss Marketing Club SMC
Marketing Trophy
Baslerstrasse 32, Postfach 1016
4603 Olten
Tel. +41 43 818 70 67
www.marketing-trophy.ch

Milestone Tourismuspreis
c/o htr hotel revue
Monbijoustrasse 130
3001 Bern
Tel. +41 31 370 42 14
www.htr-milestone.ch

PIAS (Prix d'innovation agricole suisse)
AMS Agro-Marketing Suisse
Brunnmattstrasse 21
3007 Bern
Tel. +41 31 359 59 59
www.agromarketingsuisse.ch

Pioneer Award von SAM/SPG
SAM/SPG Sustainability Leadership Award
Lagerstrasse 33, Postfach 3977
8021 Zürich
Tel. +41 44 299 95 99
www.sustainability-award.com/award/award.cfm

Prix Coup de pouce
Fondation Liechti
chemin Valmont 328
Arthur Kamber
1260 Nyon
Tel. +41 21 693 83 54
www.fondation-liechti.ch

Prix de la chambre de commerce et d'industrie
4, bd du Théâtre
1204 Genf
Tel. +41 22 819 91 11
www.ccig.ch

Prix du Gouvernement de la République et Canton du Jura en faveur de l'Innovation
Rue de la Préfecture 2
2800 Delémont
Tel. +41 32 420 52 20

Prix du Jeune Entrepreneur
SECTION SUISSE DES CONSEILLERS DU COMMERCE EXTERIEUR DE LA FRANCE
c/o Mazars Coresa
Mühlebachstrasse 20
8008 Zürich
Tel. +41 44 384 84 44
cdm.epfl.ch/ccef_en.php

Prix Eclosion
Chemin des Aulx 14
1228 Plan-les-Ouates
Tel. +41 22 880 10 10
www.eclosion.ch

Prix Evenir
Postfach, 8004 Zürich
Tel. +41 44 455 56 61
www.prixevenir.ch

Prix Sommet – Valais
Avenue de la Gare 36
1950 Sion
Tel. +41 27 329 31 11

Prix StartUp en technologie
Avenue des Sciences 3
1400 Yverdon-Les-Bains
Tel. +41 24 423 92 50
www.y-parc.ch/startup

Business Woman Award – Veuve Cliquot
In der Rüti 2
8142 Uitikon
Tel. +41 79 614 60 71
www.prix-veuve-clicquot.de

R.I.O. Award
Aachener Stiftung Kathy Beys
Schmiedstraße 3
52062 Aachen / Deutschland
Tel. +49 241 40929 0
www.rio-innovation.de

REACH-Umweltpreis
c/o Messe Basel
4021 Basel
Tel. +41 58 206 22 41
www.reachfair.ch

Rolex Prize
CP 131, 1211 Genf
Tel. +41 22 302 22 00
www.rolexawards.com

Schwab Social Entrepreneur of the Year Award
Schwab Foundation for Social Entrepreneurship
91-93 route de la Capite
1223 Cologny
Tel. +41 22 869 12 12
www.schwabfound.org

Schweighofer Innovationspreis
Schweighofer Privatstiftung Beteiligungsverwaltung GmbH (SPB)
Favoritenstraße 7/2
1040 Wien / Österreich
Tel. +43 1 585 68 62-28
www.schweighofer-prize.org

Schweizer Innovationspreis zur Förderung der wirtschaftlichen Zukunftschancen
IDEE-SUISSE
Technopark-Strasse 1
8005 Zürich
Tel. +41 44 445 15 45
www.idee-suisse.ch

Solothurner Unternehmerpreis
c/o Solothurner Handelskammer
Roland A. Simonet
Grabackerstrasse 6, Postfach 1554
4502 Solothurn
Tel. +41 32 626 24 24
www.unternehmerpreis.ch
www.sohk.ch/sup

Strategis Award
UNIL BFSH 1
1015 Lausanne
Tel. +41 21 692 33 34
www.hec-espace-entreprise.ch

Swiss Economic Award
Swiss Economic Forum
Z. Hd. von Herrn Stephan Moser
C.F.L. Lohnerstrasse 24
3645 Gwatt (Thun)
Tel. +41 848 900 901
www.swisseconomic.ch/award

Swiss Logistics Award
GS1 Schweiz
Länggassstrasse 21
3012 Bern
Tel. +41 58 800 70 00
www.gs1.ch

Swiss Venture Club Unternehmerpreise (Espace Mittelland, Suisse romande, Svizzera italiana, Zürich, Nord-, Ost- und Zentralschweiz)
Swiss Venture Club
Rubigenstrasse 35
3112 Belp
Tel. +41 31 819 69 00
www.swiss-venture-club.ch/de/i/unternehmerpreis.html

Thurgauer KMU-Frauenpreis
KMU Frauen Thurgau
c/o Thurgauer Gewerbeverband
Thomas-Bornhauser-Str. 14
8570 Weinfelden
Tel. +41 71 622 30 22
www.kmufrauen-thurgau.ch

Trophée PERL (Promotion Economique Région Lausanne)
Av. de Rhodanie 2
1000 Lausanne 6
Tel. +41 21 613 73 33
www.lausanne-region.ch
(Link Trophées PERL)

Venture
Alpenstrasse 3
8065 Zürich
Tel. +41 800 880 120 (Mo–Do 9–11 h)
www.venture.ch

venturecontest
Geneva (Young) Industry Award
Office de la Promotion Economique
Rue de l'Hôtel-de-Ville 15
Case postale 3952
1200 Genf 3
Tel. +41 22 388 34 34

Venture kick
Kirchlistrasse 1
9010 St. Gallen
Tel. +41 71 242 98 68
www.venturekick.ch

Watt d'Or
Bundesamt für Energie
3003 Bern
Tel. +41 31 322 56 11
www.bfe.admin.ch

Wirtschaftspreis Swissregiobank
Swissregiobank AG
Poststrasse 4
9201 Gossau
Tel. +41 848 75 57 55
www.swissregiobank.ch

Zentralschweizer Neuunternehmer-preis
Eichwaldstrasse 13
6002 Luzern
Tel. +41 41 319 92 92
www.gewerbe-treuhand.ch

ZKB Pionierpreis Technopark
Technoparkstrasse 1
8005 Zürich
Tel. +41 44 445 10 10
www.technopark.ch

Zuger Innovationspreis
Volkswirtschaftsdirektion des Kantons Zug
Dr. Gianni Bomio
Verwaltungsgebäude an der Aa
Aabachstrasse 5
6301 Zug
Tel. +41 41 728 55 02
www.zug.ch/innovationspreis

Zuger Jungunternehmerpreis
tfz Technologie Forum Zug
Dammstrasse 19
6301 Zug
Tel. +41 41 723 23 66
www.technologieforumzug.ch

BUSINESS ANGELS

Business Angels sind meistens erfahrene Unternehmer oder Manager, die Jungunternehmer mit Geld, Know-how und Kontakten unterstützen. Sie haben ihr Vermögen durch eine eigene unternehmerische Tätigkeit aufgebaut und sind typischerweise älter als 40 Jahre.

In aller Regel engagieren sich Business Angels in Gruppen; dies zur Verteilung der Risiken. Summiert bewegen sich die Investitionen dieser Teams in einer Grössenordnung von etwa *50 000 bis 2 000 000* Franken und werden im Zeitpunkt der Gründung oder kurz danach getätigt. Die Engagements von Business Angels sind nicht rein finanziell motiviert, da es ihnen oft auch um die emotionale Komponente geht: einem vielversprechenden Unternehmer bei der Realisierung seiner Geschäftsidee zu helfen. Im Vergleich zu anderen Kapitalformen haben Business Angels normalerweise einen eher regionalen Fokus.

Über die Aktivitäten von Business Angels gibt es in der Schweiz nur wenig Transparenz. Einige Personen wollen bewusst öffentlich erkannt werden, da dies Chancen für Investitionen er-

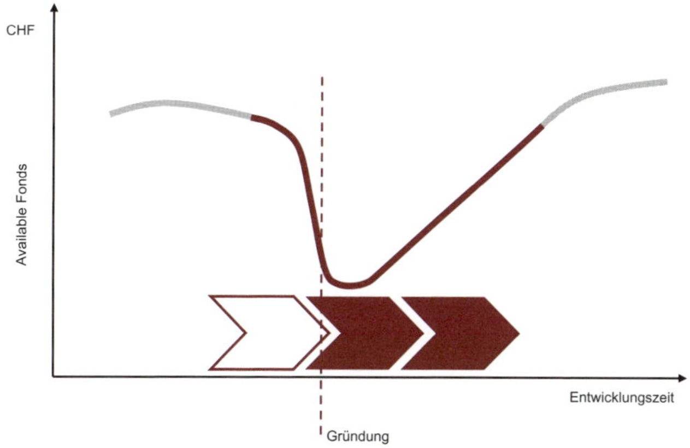

(Quelle: IFZ)

Abbildung 8: Finanzierungsphasen Business Angels

möglicht. Andere wiederum schätzen die Privatsphäre und wollen auf keinen Fall öffentlich in Erscheinung treten. Am ehesten findet man Zugang zu Business Angels über deren Netzwerke. Wie in vielen anderen Ländern haben sich auch in der Schweiz unterdessen diverse Business-Angel-Netzwerke etabliert (Adressen am Ende dieses Kapitels, Seite 57).

Die Netzwerke leiten den Business Angels Investitionsmöglichkeiten zu und dienen als Anlaufstellen für innovative Jungunternehmer. Da es viele Kapitalsuchende gibt, werden diese Netzwerke teilweise regelrecht mit Anfragen überschwemmt. Es ist daher empfehlenswert, mit einem Summary zuerst zu prüfen, ob eine Einreichung sinnvoll ist.

Erfahrungsgemäss haben Anfragen bis zur Finanzierung gut und gerne eine *Durchlaufzeit von drei bis zwölf Monaten* und beginnen mit der Einreichung des Businessplans. Im Interessenfall erfolgt eine Einladung zu einer Projektpräsentation, an der dann die einzelnen Business Angels teilnehmen (der Investitionsentscheid wird von jedem einzelnen Business Angel für sich getroffen). Jungunternehmer sollten sich darauf einrichten, dass sie diverse Fragen zu beantworten haben. Empfehlungen zur Vorbereitung auf solche Präsentationen sind im Kapitel «Richtiges Angehen von Kapitalquellen» aufgeführt.

Selbstverständlich können die öffentlich bekannten Business Angels auch direkt über ihre Kontaktdaten angegangen werden. In diesem Fall ist eine schnellere *Durchlaufzeit von ein bis zwei Monaten* realistisch.

Im Anschluss an die vier Fallbeispiele kommen zwei Business Angels zu Wort: Christian Wenger zeigt seine Motivation und seinen Mehrwert als Investor und sein Vorgehen bei der Suche von Investitionsmöglichkeiten auf. Danach erläutert Herbert Bächler die Aktivitäten des Family Offices von Andy Rihs.

Zuvor aber werden vier Firmen vorgestellt, die in ihrer Startphase durch einen oder mehrere Business Angels gefördert wurden:

Firma	Tätigkeit	Branche
Acredis	Medizinische Beratung	Gesundheitswesen
Kringlan	Thermoplaste	Industrial Engineering
NeuroPie	Decision Support	ICT
Medbase	Medizinische Leistungen	Gesundheitswesen

FALLBEISPIEL ACREDIS AG

ACREDIS
Beratungszentrum für Plastische Chirurgie

Acredis ist ein unabhängiges Beratungszentrum für Plastische Chirurgie. Das Unternehmen sorgt im Interesse seiner Kunden für Transparenz und Sicherheit auf dem Markt der Schönheitschirurgie, indem die Qualität der chirurgisch tätigen Ärzte geprüft und zugänglich gemacht wird. Acredis bietet eine wertvolle Orientierungshilfe für alle Fragen rund um das Thema Schönheitschirurgie. Die Kunden werden bei der Wahl eines qualifizierten Chirurgen unterstützt. Im Weiteren werden alle Fragen zur gewünschten Operation beantwortet. Die entsprechenden Dienstleistungen («Sichere Arzt-Auswahl» und «Operationsaufklärung») können telefonisch oder im persönlichen Gespräch in Anspruch genommen werden. Hervorragende Spezialisten werden mit dem Acredis-Gütezeichen zertifiziert, wobei die entsprechenden Qualitätskontrollen über 300 Prüfkriterien umfassen.
www.acredis.com

Interview mit Stephan Hägeli, CEO

Wie war Ihre Situation vor der Kapitalaufnahme?

Den Aufbau von Acredis habe ich ursprünglich selbst finanziert. Nachdem ich mein erstes Unternehmen verkauft hatte, habe ich Acredis gegründet und mich an weiteren Unternehmen beteiligt. Zu einem gewissen Zeitpunkt habe ich dann bei Acredis die mir selbst gesetzte, maximale prozentuale Limite im eigenen Portfolio erreicht. Daher habe ich mich auf die Suche nach einem strategischen Partner gemacht.

Wie sind Sie bei der Suche nach Kapital vorgegangen?

Die potentiellen Kapitalgeber habe ich ausschliesslich in meinem privaten

Finanzierungseigenschaften

Art	Neugründung	
	Kapitalerhöhung	√
Kapitalart	Aktienkapital	√
	Darlehen	√
	zinsloses Darlehen	
	Mezzanine	
	a Fond perdu / Preisgeld	
Kapitalform	einmalig	
	gestaffelt	√
Einflussnahme	Verwaltungsrat	
	Beirat	
	Reviewgespräche	√
	Operative Unterstützung	
Zusatznutzen	Wissen	√
	Infrastruktur	
	Kunden	
	Reputation	
	weiteres	
Kapitalsuche	Internet	
	persönliches Umfeld	√
	Investorenvereinigung	
	Stiftungen	
	Hochschule	
	Wettbewerb	

Umfeld gesucht. In einer ersten Phase habe ich bewusst darauf verzichtet, meinen Business Case in einer Business-Angel-Vereinigung zu präsentieren, da ich nicht wollte, dass meine Idee kopiert wird.

Welche Form von Kapitalgeber haben Sie gewählt?
Ich habe die klassischen Stufen der Finanzierungformen durchlaufen. Die Seedfinanzierung habe ich selbst geleistet. Gleichzeitig habe ich auch Kapital in meinem FFF-Umfeld (Family, Friends and Fools) aufgenommen. Im Anschluss daran habe ich zwei Business Angels ins Boot geholt. Unterdessen hat nun auch schon ein Fonds in mein Unternehmen investiert.

Welche Alternativen hatten Sie?
Alternativ hätte ich aus meinen eigenen Mitteln noch mehr Geld in Acredis investieren können. Ich sah jedoch den Zeitpunkt gekommen, einen strategischen Sparringspartner an Bord zu holen – nach dem Motto «teile um zu gewinnen».

Warum haben Sie Business Angels als Investoren gewählt?
Der Vorteil mit meinen Business Angels war, dass diese keine komplizierten und aufwändigen Hochglanz-Business-Pläne forderten. Im Weiteren war für mich entscheidend, dass ich einen Strategen und einen operativen Challenger als Geschäftspartner gewinnen konnte.

Welche Erfahrungen machten Sie mit den Kapitalgebern im Rahmen der Vertragsverhandlungen und der Due Diligence?
Die Gespräche mit den Business Angels waren einfach. Im Vordergrund stand die gemeinsame Vision. Die Bewertung war ebenfalls schnell ausgehandelt. Die Gespräche mit den meisten VCs waren weniger erfreulich. Obwohl wir letztlich den VC-Partner aussuchen konnten, musste ich feststellen, dass viele Gesprächspartner wenig von Unternehmertum verstehen. Mit dem heutigen Partner sind wir allerdings sehr glücklich.

Wie haben Sie das Kapital erhalten?
Das Kapital floss Acredis in einem ersten Schritt in Form von Aktienkapital zu. In einem zweiten Schritt gewährten die Business Angels Darlehen in Abhängigkeit von Milestones.

Wie nehmen Ihre Kapitalgeber Einfluss auf das Unternehmen?
Die Kapitalgeber coachen mich in zahlreichen Fragen. Es finden Sitzungen auf Basis eines Monatsreportings statt.

Welchen Zusatznutzen haben Sie durch die Kapitalgeber?
Meine Business Angels helfen mir insbesondere in Marketing- und Finanzfragen weiter.

Welche Unterstützung der Kapitalgeber erhielten Sie in welcher Phase?

Ich erhalte Unterstützung in strategischen Fragen und beim operativen Feintuning.

Wie viele der bei der Kapitalaufnahme vereinbarten Ziele wurden erreicht?
Seit wir unseren Markt kennen, haben wir sämtliche Vorgaben erreicht.

Hatten Sie den erhofften Effekt durch Ihre Kapitalgeber?
In strategischen Fragen hatte ich den erhofften Effekt durch die Kapitalgeber. Insbesondere das stete kritische Feedback hat mich vorangetrieben. In operativen Fragen bin ich jedoch auf mich alleine gestellt.

Würden Sie wieder mit einem Business Angel finanzieren?
Auf jeden Fall!

FALLBEISPIEL KRINGLAN COMPOSITES AG

Die Kringlan Composites AG bearbeitet ein breites Spektrum von Anwendungsgebieten rund um faserverstärkte Thermoplaste. Das Unternehmen entwickelt neue Verarbeitungsmethoden. Basierend darauf konzipiert und fertigt es Bauteile aus faserverstärkten Thermoplasten. Aktuell arbeitet Kringlan an vier Projekten: Karbon-Felgen, Paper Blades, Ruderboot und Karosserie-Teile für Rennfahrzeuge.
Das Hauptprojekt von Kringlan besteht in der Konzeption, Umsetzung und Patentierung einer Rundformtechnologie für Faserverbund-Thermoplaste. Die Technologie ermöglicht die Herstellung eines Autorades aus Hochleistungs-Faserverbundkunststoffen sowie die Entwicklung des dazugehörigen Fertigungsprozesses für Grossserien. Das von Kringlan entwickelte Autorad ist 50 Prozent leichter als konventionelle Räder, was zu einer Reduktion des Treibstoffverbrauchs sowie einem verminderten CO_2-Ausstoss führt. Ausserdem sind die Räder vollständig rezyklierbar.
www.kringlan.ch

Interview mit Dr. Niccolò Pini, CEO

Wie war Ihre Situation vor der Kapitalaufnahme?
Kringlan wurde im April 2007 gegründet. Die Gründungskapitalgeber bestanden aus Familienmitgliedern und Freunden. Es handelte sich somit um eine klassische Finanzierung durch die so genannten drei F: Friends, Family und Fools. Im Weiteren definierte Kringlan mit der ETH Zürich ein Förderprojekt bei der Förderagentur für Innovation des Bundes (KTI), um den Wissenstransfer von der ETH an das

Unternehmen abzuschliessen. Um Investitionen in Material und Anlagen zu tätigen, wurde im August 2008 eine erste Finanzierungsrunde mit mehreren Business Angels in Höhe von einer Million Franken durchgeführt.

Wie sind Sie bei der Suche nach Kapital vorgegangen?
Bereits kurz nach der Gründung von Kringlan interessierte sich ein Business Angel für unser Unternehmen. In der Folge vermittelte uns dieser Business Angel dann den heutigen Finanzchef. Dieser wiederum leistete einen hervorragenden Job bei der Suche nach weiteren Investoren.

Welche Form von Kapitalgeber haben Sie gewählt?
Unsere Kapitalgeber sind mehrere Privatinvestoren. Im Weiteren konnte die Zürcher Kantonalbank (ZKB) mit Start-up Finance als Investor gefunden werden. Nach anderen Möglichkeiten habe ich nicht gesucht, da ich bei meinen Investoren ein gutes Gefühl hatte.

Warum haben Sie diese Form gewählt?
Für uns kamen nur Privatinvestoren in Frage, da es in der Schweiz in unserer Branche leider kein Corporate Venture Capital gibt.

Welche Erfahrungen machten Sie mit dem Kapitalgeber im Rahmen der Vertragsverhandlungen und der Due Diligence?
Die Due Diligence und die Bewertung der Firma wurden im Wesentlichen vom Team der ZKB durchgeführt. Im Rahmen der Due Diligence wurde vor allem der Businessplan eingehend diskutiert und das geistige Eigentum (Intellectual Property, IP) geprüft.

Wie haben Sie das Kapital erhalten?
Das ganze Kapital floss Kringlan als Eigenkapital im Rahmen einer ordentlichen Kapitalerhöhung und damit in einer Tranche zu.

Finanzierungseigenschaften

Art	Neugründung	
	Kapitalerhöhung	√
Kapitalart	Aktienkapital	√
	Darlehen	
	zinsloses Darlehen	
	Mezzanine	
	a Fond perdu / Preisgeld	
Kapitalform	einmalig	√
	gestaffelt	
Einflussnahme	Verwaltungsrat	√
	Beirat	
	Reviewgespräche	√
	Operative Unterstützung	
Zusatznutzen	Wissen	√
	Infrastruktur	
	Kunden	
	Reputation	
	weiteres	√
Kapitalsuche	Internet	
	persönliches Umfeld	√
	Investorenvereinigung	
	Stiftungen	
	Hochschule	
	Wettbewerb	

Wie nimmt der Kapitalgeber Einfluss?
Ein Vertreter der Privatinvestoren nahm Einsitz in den Verwaltungsrat von Kringlan. Neben den ordentlichen VR-Sitzungen finden rund alle drei Wochen Reviewmeetings statt.

Welchen Zusatznutzen haben Sie durch den Kapitalgeber?
Kringlan profitiert vor allem vom Finanzwissen einzelner Investoren und von deren Erfahrung im Bereich der Verhandlungsführung. Der grösste Nutzen besteht im grossen Netzwerk der Kapitalgeber, was insbesondere in Krisenzeiten weiterhilft.

Welche Unterstützung des Kapitalgebers erhielten Sie in welcher Phase?
Seit der Kapitalerhöhung erhalte ich ununterbrochen Unterstützung durch meine Kapitalgeber. Die Unterstützung ist nicht auf eine bestimmte Phase beschränkt.

Wie viele der bei der Kapitalaufnahme vereinbarten Ziele wurden erreicht?
Zahlreiche vereinbarte Ziele wurden erreicht. Ich muss jedoch zugeben, dass nicht alles ganz so schnell gelaufen ist, wie es ursprünglich geplant war.

Hatten Sie den erhofften Effekt durch Ihren Kapitalgeber?
Durch die Finanzierungsrunde konnte das Weitergedeihen von Kringlan gesichert werden. Das war das erste und das wichtigste Ziel der Kapitalerhöhung. Im Weiteren habe ich die erhoffte Unterstützung durch die Investoren und den Verwaltungsrat erhalten.

Würden Sie wieder mit Business Angels finanzieren?
Jederzeit.

Welchen Einfluss nahm der Kapitalgeber während der Finanzkrise?
Trotz des sehr schwierigen Umfelds in der Automobilbranche glauben unsere Investoren und der Verwaltungsrat weiterhin an das Potenzial von Kringlan. Das gute Netzwerk meiner Investoren hilft in dieser Situation uns als Jungunternehmen sicher sehr stark.

FALLBEISPIEL NEUROPIE SOLUTIONS AG

NEUROPIE SOLUTIONS AG

NeuroPie ist eine unabhängige Schweizer Softwarefirma. Das Unternehmen entwickelt Lösungen für die Echtzeit-Kontrolle von zeitkritischen, miteinander verflochtenen Systemen und Prozessen, wie sie sich an Flughäfen und in Spitälern aber auch in der Logistik finden. Die Produkte und Dienstleistungen von NeuroPie messen die Performance kontinuierlich, verbessern die Prozessqualität und leisten damit einen Beitrag zum wirt-

schaftlichen Erfolg der Nutzer. Das Vorzeigeprodukt ZEUS Airport leistet seit Jahren einen wichtigen Beitrag zur Optimierung aller betrieblichen Prozesse am Flughafen Zürich. Seit 2009 ist ZEUS auch in Südafrika im Einsatz und bereitet die wichtigsten Verkehrsflughäfen auf die FIFA Fussballweltmeisterschaft 2010 vor.
www.neuropie.com

Interview mit Jürgen Weder, CEO

Wie war Ihre Situation vor der Kapitalaufnahme?

Die Entwicklung der Software ZEUS begann 2003, als der Flughafen Zürich NeuroPie beauftragte, ein Managementsystem für den Betrieb des Flughafens zu entwickeln. Nach der Inbetriebnahme 2004 und einer mehrfach preisgekrönten Leistungssteigerung am Flughafen Zürich konnte 2006 ein Projekt mit British Airways für die Installation von ZEUS in London Heathrow und Stansted gewonnen werden. NeuroPie war zu jenem Zeitpunkt ein Beratungsunternehmen, bestehend aus zwei Geschäftspartnern, Walter Zünd und mir. Mein Geschäftspartner verstarb allerdings im März 2006 nach einem Unfall; worauf ich die alleinige Geschäftsführung übernahm und die Neuausrichtung zu einem Softwarehaus einleitete.

Wie sind Sie bei der Suche nach Kapital vorgegangen?

Ein wichtiger Entscheid zu Beginn der Kapitalsuche war die Bewerbung und die Aufnahme in den Coachingprozess von CTI Start-up. Neben dem wertvollen Prozess selbst, der zum CTI Start-up Label im Jahre 2008 führte, war damit der Zugang zu Investoren erleichtert. Wir nahmen an verschiedenen Veranstaltungen teil, etwa von CTI Invest, und konnten so Kontakte knüpfen. Wir haben auch die KTI Coaches in die Kapitalsuche eingebunden.

Welche Form von Kapitalgeber haben Sie gewählt?

Wir landeten bei einer Kombination von ZKB Start-up und sieben Business Angels. Später kam noch ein weiterer Business Angel dazu.

Welche Alternativen hatten Sie?

Es gab alternative Kombinationen mit einer Start-up-Finanzierung einer anderen Bank, anderen Business Angels und mit einem strategischen Partner.

Warum haben Sie diese Form gewählt?

Erstens hat es «Klick» zwischen uns und den Investoren gemacht; wir konnten sie für die Sache, unseren Plan und die Mannschaft begeistern. Zweitens war es eine sehr gute Kombination von aktiven und passiven Investoren. Drittens waren die Investoren mit den Schritten Wandeldarlehen und anschliessender Wandlung einverstanden.

Welche Erfahrungen machten Sie mit dem Kapitalgeber im Rahmen der

Vertragsverhandlungen und der Due Diligence?
Die Vertragsverhandlungen und die Due Diligence wurden sehr fair und transparent durchgeführt. Die ZKB Start-up hatte den Lead beim Wandeldarlehen, die Investorenvertreter und späteren Verwaltungsräte führten durch die Eigenkapitalfinanzierung mit Term Sheet, Due Diligence, Valuation und Partnerschaftsvertrag.

Wie haben Sie das Kapital erhalten?
Wir haben das Kapital Ende 2007 als Wandeldarlehen erhalten und im März 2008 gewandelt. Die Auszahlung erfolgte in zwei Tranchen. Wir erhielten eine erste Tranche nach Abschluss des Wandeldarlehens und eine zweite abhängig von einem Meilenstein, dem Vertragsabschluss mit einem weiteren Kunden.

Wie nimmt der Kapitalgeber Einfluss?
Die Investoren sind im Verwaltungsrat vertreten.

Welchen Zusatznutzen haben Sie durch den Kapitalgeber?
Wir nutzen die Bankdienstleistungen der ZKB. Im Weiteren erhalten wir Unterstützung in den Bereichen Public Relations und Kommunikation sowie Finanzen. Überdies nutzen wir bei Bedarf auch das Netzwerk der Investoren.

Wie viele der bei der Kapitalaufnahme vereinbarten Ziele wurden erreicht?
Die wichtigsten Ziele wurden erreicht, angefangen von der Gewinnung von Neukunden bis hin zum Personalaufbau und zur Weiterentwicklung des Produkts.

Hatten Sie den erhofften Effekt durch Ihren Kapitalgeber?
Unbedingt. Wir konnten den Businessplan in die Realität umsetzen und haben jetzt ein schlagkräftiges Team zusammen.

Finanzierungseigenschaften

Art	Neugründung	
	Kapitalerhöhung	√
Kapitalart	Aktienkapital	
	Darlehen	
	zinsloses Darlehen	
	Mezzanine	√
	a Fond perdu / Preisgeld	
Kapitalform	einmalig	
	gestaffelt	√
Einflussnahme	Verwaltungsrat	√
	Beirat	
	Reviewgespräche	
	Operative Unterstützung	
Zusatznutzen	Wissen	√
	Infrastruktur	
	Kunden	
	Reputation	
	weiteres	√
Kapitalsuche	Internet	
	persönliches Umfeld	
	Investorenvereinigung	√
	Stiftungen	
	Hochschule	
	Wettbewerb	

Würden Sie wieder mit einem solchen Kapitalgeber finanzieren?
Ja, es war der richtige Ansatz für unsere Situation.

Welchen Einfluss nahm der Kapitalgeber während der Finanzkrise?
Die Kapitalgeber nahmen keinen besonderen Einfluss. Wir überwachen unsere Liquidität ohnehin laufend und berichten monatlich an unsere Investoren. Für den Mehrbedarf an Eigenkapital für eine zweite Finanzierungsrunde werden wir selbstverständlich auch die bestehenden Investoren angehen.

Wir planen derzeit eine zweite Finanzierungsrunde. Obschon NeuroPie ein nachhaltiges Geschäft im Luftverkehr betreibt, reicht die Eigenfinanzierung nicht aus, um neue Märkte ausserhalb des Flugverkehrs zu adressieren. Dabei wird NeuroPie ähnlich vorgehen wie bei den Flughäfen. Ein erster Kontakt zu einem Schweizer Spitalverbund hat sich ergeben. Dessen Managementteam erkennt das Potenzial unseres Ansatzes und unserer Technologie und strebt ein Proof of Concept an. Ich bin sicher, dass diese Installation in der Branche einen Leuchtturm-Effekt haben wird.

FALLBEISPIEL MEDBASE AG

medBASE

Schulmedizin versus Komplementärmedizin, Nachsorge versus Vorsorge: Solche Diskussionen führt man in den Dienstleistungszentren von Medbase nicht. Im Zentrum steht die Verbindung von medizinischen Massnahmen und von Präventionsmassnahmen, welche die Nachhaltigkeit der medizinischen Massnahmen unterstützen. Das Angebot umfasst Leistungen in folgenden Bereichen.

- Sport- und Allgemeinmedizin
- Übergewichtsmedizin
- Traumatologische und orthopädische Sprechstunden
- Physiotherapie und ambulante Rehabilitation
- Medizinische Trainingstherapie
- Osteopathie
- Therapieformen der Traditionellen Chinesischen Medizin
- Medizinische Massage
- Ernährungsberatung
- Leistungsdiagnostik

Medbase ist Partner der Migros Fitnessparks, des grössten Fitness- und Wellnessanbieters der Schweiz.
www.medbase.ch

Interview mit Marcel Napierala, CEO

Wie war Ihre Situation vor der Kapitalaufnahme?
Vor der Kapitalaufnahme betrieb Medbase zwei Zentren, eines in Winterthur und ein zweites, kleineres

Zentrum in Greifensee. Die Firma war zum Zeitpunkt der Kapitalaufnahme seit fünf Jahren tätig. Durch den Entscheid, eine Multiplikationsstrategie umzusetzen, haben sich die Verantwortlichen auf die Suche nach einem strategischen Investor gemacht.

Wie sind Sie bei der Suche nach Kapital vorgegangen?
Ich habe in meinem persönlichen Umfeld sowie im Umfeld einer Unternehmerverbindung nach Kapitalgebern gesucht.

Welche Form von Kapitalgeber haben Sie gewählt?
Wir haben einen strategischen Partner in Form eines Family Office, welches im Bereich Private Equity tätig ist und eine Affinität zum Wirtschaftsumfeld von Medbase aufzeigt, ausgewählt.

Welche Alternativen hatten Sie?
Wir haben Finanzierungen mit Banken und strategische Allianzen mit Mitbewerbern geprüft.

Warum haben Sie ein Family Office als Investor gewählt?
Durch die strategische Partnerschaft und den historischen Hintergrund des Family Office habe ich mich für diese Partnerschaft entschieden. Dem Partner ging es nicht in erster Linie um die kurzfristige Rentabilisierung des Investments, sondern um die langfristige Weiterentwicklung der Medbase Gruppe.

Welche Erfahrungen machten Sie mit dem Kapitalgeber im Rahmen der Vertragsverhandlungen und der Due Diligence (DD)?
Die DD wurde sehr zügig und insgesamt partnerschaftlich durchgeführt. Es wurden klare Anforderungen gestellt. Medbase wurde auf Herz und Nieren geprüft.

Wie haben Sie das Kapital erhalten?
Einerseits wurde Aktienkapital und andererseits ein langjähriges Aktio-

Finanzierungseigenschaften

Art	Neugründung	
	Kapitalerhöhung	√
Kapitalart	Aktienkapital	√
	Darlehen	√
	zinsloses Darlehen	
	Mezzanine	
	a Fond perdu / Preisgeld	
Kapitalform	einmalig	
	gestaffelt	√
Einflussnahme	Verwaltungsrat	√
	Beirat	
	Reviewgespräche	
	Operative Unterstützung	
Zusatznutzen	Wissen	√
	Infrastruktur	
	Kunden	
	Reputation	√
	weiteres	
Kapitalsuche	Internet	
	persönliches Umfeld	√
	Investorenvereinigung	√
	Stiftungen	
	Hochschule	
	Wettbewerb	

närsdarlehen eingeschossen, welches zu gewissen Bedingungen in Aktienkapital gewandelt wird. Es wurden Meilensteine definiert und das Geld wurde in Tranchen ausbezahlt.

Wie nimmt der Kapitalgeber Einfluss auf das Unternehmen?
Der Kapitalgeber nimmt durch einen adäquaten Einsitz im VR Einfluss. Mir als CEO wird aber ein sehr grosser Freiheitsgrad gewährt.

Welchen Zusatznutzen haben Sie durch den Kapitalgeber?
Mein Kapitalgeber verfügt über gute Verbindungen in die Wirtschaft und in das Marktumfeld von Medbase. Im Weiteren verfügt er über juristisches und finanzielles Know-how.

Welche Unterstützung des Kapitalgebers erhielten Sie in welcher Phase?
Einerseits konnten wir von einem Know-how-Transfer profitieren. In anderen Phasen konnten die Kontakte des Kapitalgebers gut genutzt werden. Und natürlich konnte zeit- und bedarfsgerecht auf das Kapital zugegriffen werden.

Wie viele der bei der Kapitalaufnahme vereinbarten Ziele wurden erreicht?
Die Entwicklung konnte planmässig durchgezogen werden. Medbase hat die wichtigsten Milestones erreicht.

Hatten Sie den erhofften Effekt durch Ihren Kapitalgeber?
Die erhofften Effekte sind weitgehend eingetreten. Nicht zu unterschätzen ist aber, dass die Vorgänge deutlich komplexer und die Anforderungen an die Strukturentwicklung gestiegen sind.

Würden Sie ein Family Office als Kapitalgeber empfehlen?
Diese Aussage kann nicht so global beantwortet werden. Es hängt vom Projekt und den Marktbedingungen ab. Meine Erfahrungen haben gezeigt, dass eine strategische Partnerschaft anzustreben ist.

Welchen Einfluss nahm der Kapitalgeber während der Finanzkrise?
Glücklicherweise haben wir die Finanzkrise nicht wirklich gespürt. Aber die Partnerschaft verlieh eine gewisse Sicherheit.

SICHT EINES BUSINESS ANGELS AM BEISPIEL CHRISTIAN WENGER

Interview mit Dr. Christian Wenger

Wie beschreiben Sie Ihre Tätigkeit als Business Angel?

Neben meiner Tätigkeit als Partner bei Wenger & Vieli Rechtsanwälte, wo meine bevorzugten Tätigkeitsgebiete Private-Equity- und Venture-Recht, Unternehmensübernahmen sowie IT- und Immaterialgüterrecht sind, bin ich stark als aktiver Business Angel engagiert. Meine Stärken bestehen in den Bereichen der Unterstützung, der Beratung und der Finanzierung von Jungunternehmen. Im Weiteren bin ich Mitgründer und Chairman von CTI Invest. Überdies bin ich Vorsitzender des Bereiches Seed Money and Venture Capital innerhalb der Swiss Private Equity & Corporate Finance Association (SECA).

Wie kreieren Sie Ihren Deal Flow?

Mein Deal Flow ergibt sich im Wesentlichen aus drei Quellen. Die meisten Anfragen erhalte ich aus meinem persönlichen Netzwerk. Im Rahmen meiner Beratungstätigkeit als Anwalt erfahre ich ebenfalls von interessanten Investitionsmöglichkeiten. Schliesslich erhalte ich zahlreiche Anfragen aus dem Umfeld von CTI Invest.

Wie lauten Ihre Investmentkriterien? Für welche Branchen interessieren Sie sich als Business Angel am stärksten? Welche Art von Unternehmen suchen Sie?

In der Regel investiere ich in interessante Technologieunternehmen mit einem grossen Marktpotential. Überdies müssen mich die Personen als Unternehmer überzeugen.

Inwiefern unterscheiden Sie sich in Ihrem Investitionsverhalten von anderen Business Angels, von Family Offices oder Venture Capital Fonds?

Insgesamt unterscheide ich mich nicht wesentlich vom Investitionsverhalten anderer Investoren. Ein grosser Vorteil meiner Investitionstätigkeit besteht allerdings darin, dass ich einzig und allein mir selbst Rechenschaft über meine Investitionstätigkeit ablegen muss. Im Weiteren verfüge ich über die Möglichkeit, bei grösseren Investitionen über ein Family Office zu investieren.

In welcher Form investieren Sie Kapital in Jungunternehmen und wie bezahlen Sie das Kapital aus?

Normalerweise investiere ich in Form von Aktienkapital in die Firmen, gelegentlich gewähre ich aber auch Wandeldarlehen. In der Regel zahle ich das Kapital in einer Tranche aus.

Wie nehmen Sie als Kapitalgeber Einfluss auf die Entscheidungen bei Portfolio-Unternehmen?

Bei einigen Unternehmen nehme ich selbst Einsitz in den Verwaltungsrat und bei anderen Unternehmen lasse ich mich durch eine Vertrauensperson im VR vertreten. Nach Möglichkeit leiste ich auch einen operativen Beitrag in meinen Portfolio-Unternehmen. Bei allen Investments lasse ich mich von der Geschäftsleistung mindestens einmal monatlich auf den neuesten Stand bringen.

Welchen Zusatznutzen können Sie einer Portfolio-Firma als Investor neben dem Kapital geben?
Ich kann meinen Portfolio-Unternehmen Infrastruktur, Zugang zu Kunden, sowie Wissen in den Bereichen Management, Finanzen, Legal, Sales und Marketing vermitteln. Sehr gerne stehe ich als Coach und Mentor zur Verfügung. Ich versuche stets, eine möglichst breite Unterstützung anzubieten. Werden meine eigenen Kapazitäten überschritten, verfüge ich in meinem Netzwerk über die entsprechenden Spezialisten.

Ist der Markt für Venture Capital in der aktuellen konjunkturellen Abschwungphase überhaupt ein interessanter Markt?
Meine Wahrnehmung ist, dass der Markt für Business Angels nach wie vor interessant und deshalb auch intakt ist; und zwar obwohl es im Bereich Venture Capital in diesem Jahr deutlich ruhiger geworden ist. Ein ruhiger Markt gibt nervenstarken Investoren die Chance, bei vernünftigen Bewertungen der Unternehmen zu investieren. Abschliessend möchte ich noch darauf hinweisen, dass es in der Schweiz meines Erachtens zu wenig interessante Ventures gibt. Die Innovation muss in unserem Land weiter gefördert werden.

Aus welchen Gründen sollte ich als Unternehmer an Sie gelangen?
Ich kann sowohl auf die Bedürfnisse der Unternehmer als auch der Firmen gut eingehen.

BEDEUTUNG FÜR FAMILY OFFICES AM BEISPIEL AR INNOVATION AG

Interview mit Dr. Herbert Bächler

Wie beschreiben Sie Ihre Tätigkeit als Family Office?
Die AR Innovation AG fördert Schweizer Jungunternehmen mit grossem Wachstumspotenzial. Hinter der AR Innovation AG stehen Andy Rihs (Gründer und Verwaltungsrats-Präsident des Hörgeräte-Weltmarktführers Phonak/Sonova) und ich als ehemaliger CTO (Chief Technology Officer) der Phonak. Bei der AR Innovation AG handelt es sich um diejenige Beteiligungsgesellschaft innerhalb des Family Office von Andy Rihs, welche seit dem Jahr 2008 Innovationsfinanzierung betreibt. Ich habe insgesamt 27

Jahre beim heutigen Milliardenkonzern Phonak verbracht. Nunmehr setze ich 80 Prozent meiner Arbeitszeit für das Start-up Coaching und für Finanzierungsfragen bei der AR Innovation AG ein.

Wie kreieren Sie Ihren Deal Flow?

Unseren Deal Flow kreieren wir einerseits über die Prominenz von Andy Rihs. Andererseits verfüge ich persönlich über ein breites Netzwerk, sei es über meine Vernetzung an den Hochschulen oder über meine Einsitznahme in zahlreichen Advisory Boards. Letztes Jahr haben wir über 50 Businesspläne einer eingehenden Prüfung unterzogen und zahlreiche Managementgespräche geführt.

Wie lauten Ihre Investmentkriterien? Welche Branchen bevorzugt die AR Innovation AG? Welche Art von Unternehmen suchen Sie?

Wir verstehen die AR Innovation AG nicht als Geldmaschine. Vielmehr haben wir uns zum Ziel gesetzt, einen Beitrag zur Standortförderung Schweiz und zum Innovationsland Schweiz zu leisten. Das Ingenieurwesen in der Schweiz bedarf dringender Förderung. Wir sind klar der Ansicht, dass die Schweiz nicht als Finanzstandort überleben kann. Unser Fokus richtet sich auf Schweizer Unternehmen und Projekte, bei denen wir durch unsere Kompetenzen einen Mehrwert generieren können. Unsere Kernkompetenzen liegen im Technologie- und Vertriebs-Know-how. Was die Technologie betrifft, interessieren wir uns für die Entwicklung von mobilen Systemen aller Art. Wir verstehen viel von der Miniaturisierung, von Akustik, Erfindungsschutz und Vermarktung von High-Tech-Systemen. Hinsichtlich des Vertriebs kennen wir die Vertriebswege für das Zielpublikum «Ältere Menschen» besonders gut. Am liebsten investieren wir in Unternehmen, welche den hervorragenden KTI Coaching Prozess durchlaufen haben.

Inwiefern unterscheiden Sie sich in Ihrem Investitionsverhalten von anderen Family Offices, von Business Angels oder Private Equity Fonds?

Was die Unternehmensphase betrifft, betätigen wir uns in einem sehr breiten Feld. In dieser Hinsicht ist unser Fokus sicherlich breiter als derjenige von klassischen Business Angels oder Private Equity Fonds. Wir sind sowohl für Seed- als auch für Wachstumsfinanzierungen offen. Vorausgesetzt wird ein Proof of Concept. Das Investitionsvolumen pro Projekt beträgt 0.5 bis 1.5 Millionen Franken. Damit investieren wir sicherlich grössere Summen, als dies in der Regel ein klassischer Business Angel tut. Hinsichtlich der Branchen investieren wir sehr fokussiert in jene Bereiche, in denen wir uns wirklich durch unsere Fachkompetenz auszeichnen. In dieser Hinsicht ist unser Investitionsverhalten sehr fokussiert und dadurch gegenüber anderen Investoren wahrscheinlich eher eingeschränkt.

In welcher Form investieren Sie Kapital in Jungunternehmen?

Typischerweise investieren wir in mehreren Tranchen in das Aktienkapital von Unternehmen.

Wie nehmen Sie als Kapitalgeber Einfluss auf die Portfoliounternehmen?

Wir engagieren uns sehr stark in den Portfoliofirmen, sei dies mittels Einflussnahme im Verwaltungsrat oder im Beirat einer Gesellschaft. Nach Möglichkeit führen wir wöchentliche Meetings mit der Geschäftsleitung durch.

Welchen Zusatznutzen können Sie einer Portfoliofirma als Investor neben dem Kapital geben?

Bei all unseren Investments prüfen wir mögliche Synergien mit Phonak. Im Weiteren bringen wir unser grosses Technologie- und Vertriebswissen ein. Überdies arbeiten wir im Bereich Legal und Patente mit unseren bewährten Partnern zusammen.

Ist der Markt für Private Equity in der aktuellen konjunkturellen Abschwungphase ein interessanter Markt?

Jede Krise birgt auch Chancen in sich, insbesondere wenn es um Innovation geht.

Aus welchen Gründen sollte ich als Unternehmer an Sie gelangen?

Ein Unternehmen sollte an uns gelangen, wenn es neben dem Finanzbedarf von unserem Technologie- und Vertriebswissen profitieren möchte.

ZUSAMMENFASSUNG BUSINESS ANGELS

Business Angels sind eine spannende Kapitalquelle für junge Unternehmen. Wie die Erfahrung zeigt, erfolgen die Investitionen in der Zeit der Gründung oder kurz danach. Die Flexibilität des Investors (er investiert sein eigenes Geld) lässt jegliche Finanzierungsarten und -formen zu. Die «Angels» verfügen in der Regel über industrielle Erfahrung und können «ihre» Firmen auch in operativen Belangen unterstützen.
Normalerweise nehmen Business Angels direkt oder über Vertrauenspersonen Einsitz im Verwaltungsrat und sind so sehr nahe am Puls des Geschehens.

Finanzierungseigenschaften

Art	Neugründung	√
	Kapitalerhöhung	√
Kapitalart	Aktienkapital	√
	Darlehen	√
	zinsloses Darlehen	
	Mezzanine	√
	a Fond perdu / Preisgeld	
Kapitalform	einmalig	√
	gestaffelt	√
Einflussnahme	Verwaltungsrat	√
	Beirat	
	Reviewgespräche	
	Operative Unterstützung	
Zusatznutzen	Wissen	√
	Infrastruktur	
	Kunden	
	Reputation	
	weiteres	

ADRESSEN VON BUSINESS-ANGELS-VEREINIGUNGEN

BrainsToVentures AG
Blumenaustr. 36 / Postfach 142
9004 St. Gallen
Tel. +41 71 242 20 00
www.b-to-v.com

Business Angels Netzwerk
Deutschland e.V.
Semperstrasse 51
45138 Essen
Deutschland
Tel. +49 201 89415-60
www.business-angels.de

Business Angels Schweiz
Postfach
8708 Männedorf
Tel. +41 79 358 54 70
www.businessangels.ch

Club Valaisan des Business Angels
c/o CCF SA Pré-fleuri 6
CP 1270
1951 Sion
www.bizangels.ch

CTI Invest
Seehofstrasse 6
8008 Zürich
www.cti-invest.ch

European Business Angel Network (EBAN)
Rue Vautier 54
1050 Brussels
Belgien
Tel. +32 2 626 20 60
www.eban.org

Mountain Super Angel AG
Sebastian Kofler
Dufourstrasse 121
9001 St. Gallen
Tel. +41 44 783 80 42
www.super-angel.ch

MSM Gruppe
Stadthausstrasse 12
8400 Winterthur
Tel. +41 52 269 21 00
www.msmgroup.ch

StartAngels Network
Zürichbergstrasse 150
8044 Zürich
Tel. +41 44 820 18 88
www.startangels.ch

BioValley Business Angels Club
www.biobac.ch

CORPORATE VENTURE CAPITAL

Da Corporate Venture Capital die wohl am wenigsten bekannte Kapitalquelle ist, wird sie in der Folge ausführlicher beschrieben: Corporate Venturing beschreibt die Beteiligung von etablierten Unternehmen an jungen, innovativen Firmen oder aber das Abspalten von innovativen Abteilungen in eigene Firmen. Ziel ist, dass sich die junge Firma an einer möglichst langen Leine unbehelligt von der Prozess- und Strukturlandschaft des etablierten Unternehmens entwickeln kann. Das Hauptinteresse liegt in der Sicherung neuer Innovationen und der Früherkennung von Technologieentwicklungen. Damit bauen sich etablierte Unternehmen verschiedene Markteintrittsoptionen auf. Normalerweise finden solche Investitionen erst nach der Etablierung einer Firma statt, wobei das Beispiel Alstom Inspection Robotics zeigt, dass es Ausnahmen gibt.

GRÜNDE FÜR DAS CORPORATE VENTURING

Aus der Praxis von Unternehmen, die über Corporate-Venturing-Aktivitäten

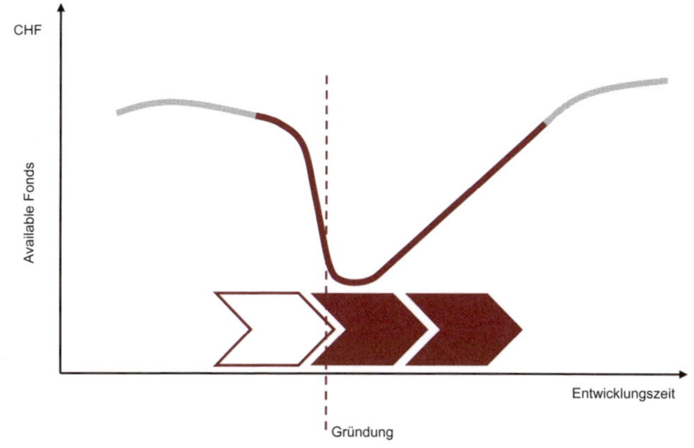

Abbildung 9: Finanzierungsphasen beim Corporate Venture Capital

(Quelle: IFZ)

ihre langfristige Innovationsfähigkeit sichern, sind mehrere Effekte bekannt:

1. *Förderung von Unternehmertum:* Die Innovationskraft der etablierten Unternehmung soll durch die gezielte Nutzung der Gründerpotentiale revitalisiert und das Generieren neuer Ideen aktiv vorangetrieben werden. Zudem sollen bürokratische Strukturen aufgebrochen und unternehmensinterne und externe Netzwerke gebildet werden. Dadurch entsteht die Möglichkeit, qualifizierte Mitarbeiter zu gewinnen und zu binden.
2. *Früherkennung von Technologieentwicklungen:* Ein Früherkennungssystem soll dem etablierten Unternehmen die Möglichkeit geben, fundierte Entscheidungen in Bezug auf die strategische Unternehmensausrichtung zu fällen. Dabei wird das Risiko von Fehlentscheidungen dank den Technologie- und Markterkenntnissen aus den Corporate Ventures deutlich reduziert.
3. *Schaffung von Diversifikations- und Reaktionsmöglichkeiten:* Durch Corporate Venturing bauen etablierte Unternehmen verschiedene Markteintrittsoptionen auf, ohne von Beginn weg grosse finanzielle Mittel oder personelle Kapazitäten binden zu müssen.
4. *Kombination der Kompetenzen und Ressourcen zum beidseitigen Vorteil:* Nicht ausgelastete Kapazitäten in den Bereichen Infrastruktur, geistiges Eigentum oder Personal werden Corporate Ventures zur Verfügung gestellt. Diese wiederum generieren auf dem «Standard» des etablierten Unternehmens neue Wertschöpfung, was im Idealfall zu einem neuen Industriestandard ausgebaut werden kann.

Damit eliminieren beide Parteien durch die Partnerschaft ihre Nachteile. Der jungen Firma mangelt es meist an Ressourcen: Finanzen, Personal wie auch Infrastruktur sind rar. Durch die kurze Geschichte besteht auch keine breite Kundenbasis oder ausreichende Reputation. Damit ist der Marktzugang für die auf sich alleine gestellte Firma schwierig. All diese Schwächen kennt das reife Unternehmen normalerweise nicht und kann helfend zur Seite stehen. Durch die Zusammenarbeit wird die Erfolgswahrscheinlichkeit bei der jungen Firma gesteigert und die Zeit bis zum Abheben verkürzt. Auf der anderen Seite steht die etablierte Unternehmung einer abebbenden Kreativität und einer versiegenden Innovationskraft gegenüber. Durch das «verteidigen» der bisherigen Geschäftsfelder werden neue technologische Entwicklungen oft negiert oder gar verhindert. Durch Beteiligungen an jungen, innovativen Firmen kann dieser Mangel beseitigt werden.

WEGE DES CORPORATE VENTURING

Im Unterschied zu klassischen Beteiligungen wird beim Corporate Venturing die junge, innovative Firma nicht in das etablierte Unternehmen integriert. Sie existiert ausserhalb der in die Tage gekommenen Strukturen und Prozesse und vermag so den Pioniergeist zu erhalten.

In einer ersten Phase der Beteiligungsnahme geht es darum, die innovative Idee umzusetzen. Mit der Hilfe der reifen Unternehmung soll ein marktfähiges Produkt entstehen. Die Zuführung von Finanzen wird in dieser Zeit oft vom Erreichen vordefinierter Meilensteine abhängig gemacht, um das Risiko bescheiden zu halten. Multinationale Konzerne sind derzeit besonders aktiv am Investieren, um am Ende der Wirtschaftskrise mit verhältnismässig geringem finanziellem Aufwand Zugriff auf eine möglichst breite, hochinnovative Produktpalette zu haben.

Mit dem fertigen Produkt wird in einem weiteren Schritt die Marktfähigkeit getestet: es findet eine Validierung durch die Märkte statt. Greift die Neuheit auf dem Markt, stellt das etablierte Unternehmen seine Vertriebskanäle zur Verfügung. Damit hat die junge Firma umgehend Marktzugang, ohne selbst teure Absatzwege aufbauen zu müssen. Momentan wird der Markttest oft auf das Jahr 2011 terminiert, um von einer Markterholung umgehend profitieren zu können.

Schliesslich stellt sich die Frage, was mit der Innovation beziehungsweise dem Unternehmen im Erfolgsfall passiert. In der Praxis werden mehrere Wege beobachtet: ein Teil der Ventures wird in das reife Unternehmen integriert und ein Teil bleibt in der bisherigen Funktion als Innovationslieferant weiter bestehen.

SCHWEIZER MARKT

International sind Corporate-Venturing-Aktivitäten deutlich bekannter und transparenter als in der Schweiz: So hat am Global Corporate Venture Capital Survey 2008 von Ernst & Young nur ein einziger Fond aus der Schweiz teilgenommen. Dies mag daran liegen, dass die Schweizer Aktivitäten eine im internationalen Vergleich abweichende Struktur aufweisen: In der Schweiz wird nicht nur über Fonds multinationaler Grosskonzerne investiert, sondern auch über die Fachabteilungen mittelständischer Unternehmen. So ist es bei uns nicht unüblich, dass aus den Fachabteilungen über deren operative Kooperationen Möglichkeiten zur Beteiligung aufgegriffen werden.

Das IFZ Institut für Finanzdienstleistungen Zug betreibt seit 2007 intensive Forschungsaktivitäten im Bereich Corporate Venturing. Eine Erhebung des Investitionsverhaltens bei den kotierten Gesellschaften hat gezeigt, dass von mehr als 130 teilnehmenden Firmen über ein Viertel (!) Corporate Venture Investitionen tätigen. Diese Firmen stammen aus allen Branchen.

Abbildung 10: Corporate Venture Capital nach Branchen

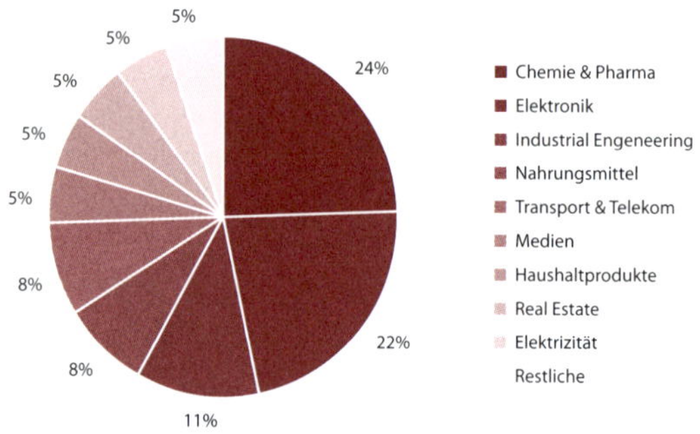

(Quelle: IFZ)

Von der Grösse der etablierten Unternehmen her gesehen ist ein über alle Grössenklassen ausgeglichenes Spektrum zu erkennen: Die multinationalen Grosskonzerne (mehr als 5 000 Mitarbeiter), die grösseren Firmen (500 bis 5000 Mitarbeiter) sowie die KMU (weniger als 500 Mitarbeiter) machen je etwa einen Drittel aller im Corporate Venturing aktiven Unternehmen aus. Das Gros hat dabei zwischen einer und fünf Beteiligungen gezeichnet. Es sind vor allem die grösseren Firmen und KMU mit dieser kleinen Anzahl von Beteiligungen, die aus Sicht der Innovationsfinanzierung in der Schweiz eine hohe volkswirtschaftliche Bedeutung einnehmen, aber weder national noch international im Rampenlicht stehen. Am ehesten werden die Aktivitäten in der Schweiz über ausgewählte Innovations-Plattformen ersichtlich. So hat am Swiss CEO Day 2009 der Start-up-Firmen ein Austausch von über 380 Vertretern junger Firmen mit etablierten Unternehmen stattgefunden. An diesem Anlass waren Unternehmen wie Novartis, Roche, Johnson & Johnson, Medtronic, Straumann, Synthes, Microsoft, Google, Swisscom, Logitech, ABB, Alstom, Ruag oder OC Oerlikon vertreten. Von diesen 14 Unternehmen haben nur gerade vier offizielle Corporate-Venturing-Aktivitäten in der Schweiz.

AUSBLICK FÜR DIE SCHWEIZ

In der Schweiz sind derzeit nur wenige Corporate Venture Fonds bekannt (Roche, Novartis, Merck Serono, Alstom, Swisscom und Nestlé). Dazu kommen die Fonds ausländischer Grosskonzerne mit Investitionen hier in der Schweiz. Über die vielen grösseren Firmen und KMU, die über ihre Fachabteilungen bei operativen Kooperationen Investitionen tätigen, ist nahezu nichts bekannt. Diesem Mangel an Transparenz soll in den nächsten zwei Jahren zusammen mit CTI Invest, Venturelab und SECA mittels einer Innovationsplattform für Corporate Venture Capital Abhilfe geschaffen werden. Etablierte Unternehmen werden monatlich mit neuen Innovationen dokumentiert (Push) oder aber sie melden ihren Innovationsbedarf an (Pull) und werden mit jungen Firmen oder Forschern zusammengebracht.

Aus Sicht des kapitalsuchenden Jungunternehmens stellt sich eine grosse Frage: Für welche etablierte Unternehmung könnte meine Innovation von Nutzen sein? Wer könnte sich im Markt durch meine Innovation differenzieren, wer könnte dadurch neue Kunden gewinnen oder gar Wettbewerbsbarrieren schaffen. All die etablierten Unternehmen, denen die Innovation des Jungunternehmers einen Mehrwert bieten könnte, sind potentielle Kapitalgeber. Der Einstieg hierzu führt über die Corporate-Venture-Abteilung oder – falls es eine solche nicht gibt – über diejenige Abteilung, die Interesse an der Innovation (meist Forschung und Entwicklung). Es ist für viele etablierte Unternehmen etwas Selbstverständliches, über Beteiligungsnahmen zu diskutieren, und entsprechend wäre es falsch verstandener Stolz, eine solche Quelle nicht anzusprechen. Meist beträgt die ***Durchlaufzeit drei bis zwölf Monate*** bis zum Engagement eines etablierten Unternehmens. Die Investitionssumme beläuft sich in der Regel auf eine Summe zwischen ***100 000 und 2 000 000 Franken***. Nach einer gewissen Erfahrung in der Zusammenarbeit und einer entsprechenden Entwicklung des jungen Unternehmens steht aber höheren Beträgen nichts im Wege.

Auf den folgenden Seiten werden nun vier Unternehmen vorgestellt, die allesamt im Laufe ihrer Entwicklung eine etablierte Unternehmung als Kapitalgeber gewonnen haben. Schliesslich erläutert Alexander Schläpfer die Beweggründe von Alstom, sich noch stärker in Corporate-Venturing-Aktivitäten zu engagieren, und Dominique Mégret berichtet von den Erfahrungen der Swisscom mit solchen Aktivitäten.

Firma	Tätigkeit	Branche
Alstom Inspection Robotics	Anlagenbau	Industrial Engineering
Kompogas	Anlagenbau	Greentech
Transmedia	Video on Demand	ICT
Pevion	Impfstoffe	Medtech

FALLBEISPIEL ALSTOM INSPECTION ROBOTICS

ALSTOM Inspection Robotics

Alstom Inspection Robotics ist ein Joint-Venture von Alstom (Schweiz) AG und der ETH Zürich. 2006 gegründet, entwickelt das Spin-off-Unternehmen autonome Inspektionsroboter für Kraftwerke sowie chemische und petrochemische Anlagen. Inspektionsroboter sind kleine Systeme, die innerhalb von Maschinen oder Röhren selbständig navigieren, Messungen an Bauteilen durchführen und die erhobenen Messdaten an den Fachspezialisten übermitteln. Die Automatisierung von Anlageinspektionen erhöht die Verfügbarkeit der Anlagen dank kürzerer Serviceintervalle und steigert die Sicherheit für Mensch und Umwelt. Die Produkte von Alstom Inspection Robotics basieren auf einem modularen System von Robotik-Elementen. Sie werden für jeden Kunden massgeschneidert zu autonomen Inspektionsrobotern kombiniert. Die Alstom-Fachkräfte, welche jedes dieser intelligenten Systeme individuell für die Bedürfnisse der Anlagenbetreiber zusammenstellen, besitzen ein spezialisiertes und breites Knowhow hinsichtlich der Integration von Mechanik, Elektronik, Software und Messdatenverarbeitung. Zu den Kernkompetenzen zählen:

Feinmechanik mit den Schwerpunkten:

- Antriebstechnik und kinematische Mechanismen
- Robustheit und Zuverlässigkeit, minimaler Raumbedarf und optimale Beweglichkeit
- Schutz gegen äussere Einflüsse wie Staub, Schmutz, Flüssigkeiten oder Gase

Mechatronik/Elektronik mit den Schwerpunkten auf:

- Motorensteuerungen
- Integrierten Navigationssystemen
- Integration der Messdatenerfassung und -verarbeitung
- Integration von Systemen wie zum Beispiel Video und Wasserstrahlreinigung

www.inspection-robotics.com

Interview mit Dr. Ekkehard Zwicker, CEO

Wie war Ihre Situation vor der Kapitalaufnahme?

Alstom ist mit der Anfrage hinsichtlich Forschung und Entwicklung, beziehungsweise der Abklärung der Möglichkeiten von «Mobile Robotics» auf die ETH zugegangen. Darauf aufbauend wurde ein KTI-Projekt mit den Partnern ETH und Alstom gestartet, woraus ein Joint Venture ETH und Alstom entstand. Ziel des Joint Ventures war die Industrialisierung der gemeinsamen Forschungsergebnisse.

Wie sind Sie bei der Suche nach Kapital vorgegangen?

Bei uns war dies nicht die Suche nach Kapital, sondern die Suche von Alstom nach entsprechender Technologie. Generell führt eine Kooperation mit F&E-Abteilungen von etablierten Firmen dazu, dass die Finanzierungsprobleme in den Hintergrund rücken.

Welche Form von Kapitalgeber haben Sie gewählt?

Eine Forschungszusammenarbeit ist nur auf Basis industrieller Logik sinnvoll. Daher führt die operative Zusammenarbeit zum Corporate-Venture-Kapitalgeber und schliesst andere Formen nahezu aus.

Welche Erfahrungen machten Sie mit dem Kapitalgeber im Rahmen der Vertragsverhandlungen und der Due Diligence?

Alstom hat ihre eigenen Kontrollprozesse zur kritischen Durchleuchtung von technologischen Entwicklungen angesetzt. Das Projekt ist durch das interne F&E und Investitions-Genehmigungsverfahren gelaufen, genau wie ein internes Forschungsprojekt.

Wie haben Sie das Kapital erhalten?

In zwei Formen: Alstom hat auf der einen Seite Eigenkapital zugeführt. Auf der anderen Seite war Alstom unser erster Kunde und hat uns über Entwicklungsaufträge finanziert.

Wie nimmt der Kapitalgeber Einfluss?

Mehrere Vertreter von Alstom sind im Verwaltungsrat und steuern so das Unternehmen. Dieses Gremium wird durch eine externe Person und einen ETH-Professor ergänzt.

Welchen Zusatznutzen haben Sie durch den Kapitalgeber?

Dank der industriellen Tätigkeit von Alstom haben wir Zugriff auf die F&E-Abteilungen bei Alstom. Wir arbeiten in der Forschung zusammen, und unsere Produkte werden bei Alstom getestet und angewendet. Somit können wir bei Neukunden mit der Referenz

Finanzierungseigenschaften

Art	Neugründung	√
	Kapitalerhöhung	
Kapitalart	Aktienkapital	√
	Darlehen	
	zinsloses Darlehen	
	Mezzanine	
	a Fond perdu / Preisgeld	
Kapitalform	einmalig	√
	gestaffelt	
Einflussnahme	Verwaltungsrat	√
	Beirat	
	Reviewgespräche	
	Operative Unterstützung	√
Zusatznutzen	Wissen	√
	Infrastruktur	√
	Kunden	√
	Reputation	√
	weiteres	
Kapitalsuche	Internet	
	persönliches Umfeld	
	Investorenvereinigung	
	Stiftungen	
	Hochschule	√
	Wettbewerb	

«bei Alstom im Einsatz» aufwarten, was den Vertrieb an Dritte begünstigt.

Wie viele der bei der Kapitalaufnahme vereinbarten Ziele wurden erreicht?
Zu Beginn wurde ein gemeinsamer Businessplan erarbeitet. Im ersten Jahr sollte die Know-how-Plattform aufgebaut werden, und dann in einem zweiten Schritt die Strategie und die Entwicklung der notwendigen modularen Produktplattform erfolgen. Diese Ziele wurden bisher allesamt erreicht.

Würden Sie wieder mit einem solchen Kapitalgeber finanzieren?
Auf jeden Fall. Die Vorteile einer solchen Zusammenarbeit überwiegen sehr stark. Sucht man Negativpunkte, dann findet man diese in der starken Abhängigkeit der F&E-Prioritäten des Kapitalgebers. Werden Prioritäten verändert, hat das unmittelbar Auswirkungen auf uns und kann das eine oder andere Mal Feuerwehrübungen auslösen.

Zusammenfassung
Alstom Inspection Robotics ist aus einer Innovationsanfrage von Alstom bei der ETH entstanden. Aus der Basis der Ergebnisse des gemeinsamen KTI-Projektes wurde die neue Gesellschaft gegründet. Alstom unterstützt das Unternehmen neben dem initialen Kapital durch F&E-Zugang wie auch durch gezielte Entwicklungsaufträge.

FALLBEISPIEL KOMPOGAS AG

KOMPOGAS
Partner der axpo

Die Kerntätigkeit von Kompogas besteht in der Entwicklung von zukunftsweisenden und ökologischen Lösungen für die Abfallverwertung mit gleichzeitiger Energieerzeugung. Das Kompogas-Verfahren erzeugt Strom, Kompost, Treibstoff und Dünger in geschlossenen Anlagen aus biologisch abbaubaren Stoffen, wobei die Energie CO_2-neutral entsteht. Separat erfasste Bioabfälle, insbesondere feuchte, abbaubare Garten- und Küchenabfälle, werden in geschlossenen, zentralen Anlagen ökologisch und ökonomisch verwertet. Durch die Rückführung der nach dem Verfahren anfallenden Sekundärrohstoffe in den ökologischen Kreislauf werden natürliche Ressourcen geschont.
Kompogas verfügt über eine 18-jährige Erfahrung. In dieser Zeit wurden weltweit 50 Vergärungsanlagen konzipiert und installiert.
Kompogas entwickelt für Kunden das technische Anlagendesign und erstellt ein Verwertungskonzept mit techni-

scher und wirtschaftlicher Prozessbilanzierung für den erfolgreichen Betrieb des jeweiligen Kompogas-Systems. Bei der Erstellung der Anlagentechnik arbeitet Kompogas wahlweise als Generalunternehmer für Lieferung, Montage und Inbetriebnahme der Kompogas-Anlagenkomponenten oder als Totalunternehmer für eine schlüsselfertige Realisation des Gesamtprojektes.
Ferner werden durch die Kompogas AG Dienstleistungen im Bereich Projektfinanzierung, Anlagenbetrieb und After-Sales-Service angeboten.
www.kompogas.ch

Interview mit Walter Schmid, Gründer

Wie war Ihre Situation vor der Kapitalaufnahme?
Ich habe experimentiert, Experten befragt und das ursprüngliche Eigenkapital selbst einbezahlt. Die Mittel konnte ich durch meine Bau- und Generalunternehmung W. Schmid AG zur Verfügung stellen. Zudem fragte ich andere Unternehmer an, ob sie Aufträge für Kompogas ausführen möchten. Die Auftragsvergabe war teilweise von einer Beteiligung an Kompogas-Anlagen-AGs abhängig (die einzelnen Kompogas Anlagen werden über einzelne AGs gehalten).

Wie sind Sie bei der Suche nach weiterem Kapital vorgegangen?
Axpo ist auf mich zugekommen. Für Axpo war dies eine Sicherung von Innovation, währendem wir damit konfrontiert waren, dass die zunehmenden Investitionen in diesem stark wachsenden Markt nicht mehr selbst finanziert bzw. risikomässig getragen werden konnten.

Welche Form von Kapitalgeber haben Sie gewählt?
In einer ersten Phase wie erwähnt Aktienkapital von mir und anderen Unternehmern. Bei der Beteiligung durch Axpo habe ich hinblicklich der

Finanzierungseigenschaften

Art	Neugründung	
	Kapitalerhöhung	√
Kapitalart	Aktienkapital	√
	Darlehen	
	zinsloses Darlehen	
	Mezzanine	
	a Fond perdu / Preisgeld	
Kapitalform	einmalig	√
	gestaffelt	
Einflussnahme	Verwaltungsrat	√
	Beirat	
	Reviewgespräche	
	Operative Unterstützung	√
Zusatznutzen	Wissen	√
	Infrastruktur	√
	Kunden	√
	Reputation	√
	weiteres	
Kapitalsuche	Internet	
	persönliches Umfeld	√
	Investorenvereinigung	
	Stiftungen	
	Hochschule	
	Wettbewerb	

grossen Investitionsvolumina natürlich gerne auf das Angebot eines etablierten, in der Branche versierten Unternehmens zurückgegriffen.

Wie haben Sie das Kapital erhalten?
Das gesamte Kapital ist als Aktienkapital zugeführt worden. In der Anfangsphase ging ich bei weiterem Kapitalbedarf neue Unternehmer an. Die Auftragsvergabe war wiederum teilweise von einer Beteiligung an den Anlagen-AGs abhängig.

Wie nimmt der Kapitalgeber Einfluss?
Die Investoren haben im Rahmen ihrer Stimmenanteile Mitspracherechte. Axpo war zu Beginn mit einer Person im Verwaltungsrat vertreten. Neu sind zwei Drittel der Verwaltungsräte von Axpo bestellt.

Welchen Zusatznutzen haben Sie durch den Kapitalgeber?
Die Anlagen wurden teilweise von Investoren, das heisst Unternehmern mit einer Beteiligung an Anlagen-AGs, getätigt. Zudem hatten diese Aktionäre wiederum Kunden, welche angegangen werden konnten. Des Weiteren haben die Aktionäre spezifische Kenntnisse, welche ich in die Entwicklung von Kompogas mit einbezog. Mit dem Einstieg von Axpo hat sich dieser Nutzen natürlich weiter entwickelt. Mit einem Energiekonzern als Aktionär steht neu ein breit gefächertes Angebot an zusätzlichem Nutzen für uns zur Verfügung.

Zusammenfassung

Die Auftragsvergabe von Kompogas war teilweise von einer Beteiligung an Anlagen-AGs abhängig, womit die Entwicklung der Firma in der Anfangszeit solide finanziert werden konnte. In einer späteren Phase ist Axpo als Aktionär bei der Kompogas Holding aufgenommen worden. Durch diese Beteiligung können die enormen Möglichkeiten des Marktes abgeschöpft werden, die ohne einen solch solventen Partner nicht seriös verkraftbar gewesen wären.

FALLBEISPIEL TRANSMEDIA AG

TRANSMEDIA

Für den Kunden ist Video on demand (VOD) die einfachste Sache der Welt. Ein Film wird online bestellt, konsumiert und schliesslich über die bestehende Geschäftsbeziehung zu einem Breitbandanbieter abgerechnet. Im Hintergrund jedoch arbeiten zwei Industrien zusammen, die unterschiedlicher nicht sein könnten. Auf der einen Seite die Breitbandanbieter mit ihrem technischen Know-how, auf der anderen Seite die Film- und Medienindustrie mit ihren Kompetenzen in Content-Erstellung und im Rechtemanagement. Hier für die nötigen Schnittstellen zu sorgen, ist das Geschäft der Genfer Transmedia AG.

Das 2003 gegründete Unternehmen stellt den Rechteinhabern eine Plattform zur Verfügung, um ihre kostenpflichtigen Inhalte an den Zuschauer zu übertragen, bereitet die Inhalte für den breitbandigen Vertriebskanal auf, stellt eine Transaktionsabrechnung zur Verfügung und rechnet transparent ab.

Als Kunden von Transmedia treten Breitbandinternetdienstanbieter auf, welche ihren Endkunden diese Dienste anbieten wollen. Transmedia bedient nicht nur kabelgebundene Internetzugänge. Sie stellt auch Inhalte für Mobiltelefonanbieter zur Verfügung.

www.transmediaco.com

Interview mit Natalia Tsarkova, Gründerin

Wie war Ihre Situation vor der Kapitalaufnahme?

Wir hatten eine kleine Finanzierung durch Business Angels und Familie und Freunde, was es uns erlaubte von zwei Personen mit einer guten Idee zu einem Team mit zehn Personen zu wachsen.

Wie sind Sie bei der Suche nach Kapital vorgegangen?

Wir erstellten einen Businessplan und zudem eine Zusammenfassung. Unser Geschäft ist sehr stark von den technologischen Entwicklungen im Telekommunikationsmarkt und dem Medien-Distributionskanal getrieben. Aus diesem Grund waren Prognosen sehr schwierig. Unser Businessplan basierte primär auf unserer Strategie und unseren beruflichen Hintergründen. Wir gewannen das Vertrauen der Investoren und rechneten einen oder zwei Business Cases durch und hatten einen oder zwei potentielle Kunden. Eine Planung der Finanzzahlen über ein Jahr hinaus war faktisch nicht möglich, da viele Variablen unklar waren.

Welche Form von Kapitalgeber haben Sie gewählt?

Wir haben uns – nach der Finanzierung durch Familie und Business Angels – für einen industriellen Investor entschieden. Es ging darum, genügend Kapital in möglichst kurzer Zeit beizubringen und einen Investor zu gewinnen, der uns Türen öffnen konnte. Daher fielen Private-Equity-Investoren eher weg. Aus einer Gruppe von möglichen strategischen Investoren haben wir Swisscom gewählt.

Welche Erfahrungen machten Sie mit dem Kapitalgeber im Rahmen der Vertragsverhandlungen und der Due Diligence?

Es ist wichtig, dass eine digitale Basis existiert, welche schnell geprüft werden kann. Kapitalgebern ist wichtig, dass man sich auch klare Gedanken über die Generierung von Einnahmen macht und nicht bloss über Strategien spricht.

Wie haben Sie das Kapital erhalten?

Das Kapital wurde als Eigenkapital zur Verfügung gestellt. Das ursprüngliche Kapital des Business Angels wurde in mehreren Tranchen ausbezahlt. Das wenige Kapital der Familie und Freunde wurde jeweils nur in einer Tranche ausbezahlt. Die grosse Finanzierung erfolgte durch die Swisscom in einer Tranche.

Wie nimmt der Kapitalgeber Einfluss?

Swisscom ist im Verwaltungsrat vertreten. Wir haben so viel Freiheit wie möglich, aber es ist gut, einen erfahrenen und beratenden Partner an Bord zu haben. Wir haben eine gesunde Beziehung.

Welchen Zusatznutzen haben Sie durch den Kapitalgeber?

Wir erhielten Unterstützung bei der Kundensuche und haben bei Bedarf Zugang zu Ressourcen von Swisscom. Zudem können wir jederzeit auf das Know-how von Swisscom zurückgreifen. Wir hatten Personen von Swisscom, welche wertvolle Ratschläge erteilten.

Finanzierungseigenschaften

Art	Neugründung	
	Kapitalerhöhung	√
Kapitalart	Aktienkapital	√
	Darlehen	
	zinsloses Darlehen	
	Mezzanine	
	a Fond perdu / Preisgeld	
Kapitalform	einmalig	√
	gestaffelt	
Einflussnahme	Verwaltungsrat	√
	Beirat	
	Reviewgespräche	
	Operative Unterstützung	√
Zusatznutzen	Wissen	√
	Infrastruktur	√
	Kunden	√
	Reputation	√
	weiteres	
Kapitalsuche	Internet	
	persönliches Umfeld	√
	Investorenvereinigung	
	Stiftungen	
	Hochschule	
	Wettbewerb	

Zudem hat Swisscom die erhoffte Reputations- und Türöffner-Funktion. Unsere Kunden waren die Telekommunikationsfirmen. Es war wirklich hilfreich, eine Firma wie Swisscom an Bord zu haben.

Wie viele der bei der Kapitalaufnahme vereinbarten Ziele wurden erreicht?

Wir hatten Key Performance Indicators definiert. Dies ermöglichte uns, die Firma geographisch auszudehnen und auf Einnahmen zu fokussieren. Unsere Expansion war ein Erfolg. Die Ziele wurden bei den Finanzierungen festgelegt.

Würden Sie wieder mit einem solchen Kapitalgeber finanzieren?

Definitiv ja.

Welchen Einfluss nahm der Kapitalgeber während der Finanzkrise?

In der gegenwärtigen Krise ist es sinnvoll, einen Partner wie Swisscom an der Seite zu haben. Der Konsum von Heimvideos steigt in Krisenzeiten, da er günstiger ist als, um ein Beispiel zu nennen, der Gang ins Kino.

Zusammenfassung

Transmedia bereitet die Inhalte für den breitbandigen Vertriebskanal auf und stellt dem Rechteinhaber eine Transaktionsabrechnung zur Verfügung. Die Übertragung der Inhalte erfolgt über sämtliche IP (Internet Protocol)-basierten Breitbandnetze wie Glasfaser, ADSL, VDSL und Satellitennetzwerke zu den Kunden der Breitbandinternetanbieter. Transmedia wurde 2003 gegründet und etablierte sich als IP-basierter Video-on-demand-Anbieter. Neben den kabelgebundenen Internetzugängen stellt Transmedia auch Inhalte für Mobiltelefonanbieter zur Verfügung.

Die Finanzierung von Transmedia erfolgte am Anfang über Familie und Freunde. Transmedia gewann das Vertrauen von Investoren und betreibt nun ihre weitere Entwicklung mit Swisscom als strategischem Investor.

FALLBEISPIEL PEVION BIOTECH AG

pevion BIOTECH

Pevion Biotech ist ein industrieller Spin-off von Berna Biotech (heute ein Tochterunternehmern von Crucell) und der Baselbieter Chemiefirma Bachem. Sie wurde 2002 mit einem an Meilensteine gekoppeltes Startkapital von insgesamt 20 Millionen Franken ausgestattet. In einer späteren zweiten Finanzierungsrunde nahm Pevion Biotech 35 Millionen Franken von weiteren Investoren auf. Zu diesen Investoren gehörten: Private Equity von

BZ Bank, BB Biotec, Core Capital Partners und Bachem AG.

Pevion Biotech verwendet eine auf so genannten Virosomen basierende Technologieplattform für die Entwicklung von prophylaktischen und therapeutischen Impfstoffen. Die Plattform gibt dem Unternehmen die Sicherheit, dass die Impfstoffe nach der klinischen Erprobung auch in grossen Mengen hergestellt werden können. Ausserdem ist sie validiert durch zwei Anwendungen, die in 42 Ländern zugelassen sind und die bereits an über 40 Millionen Patienten verschrieben wurden.

Als forschende Pharmafirma ist Pevion Biotech in ein akademisches Netztwerk eingebunden. Das Unternehmen kooperiert mit anderen Biotechnologie-Firmen, Universitäten und Forschungsinstitutionen. Die Produktpipeline umfasst Impfungen gegen Brustkrebs, Grippe, Candidiasis und RSV. Insgesamt umfasst das Portfolio von Pevion Biotech 13 Patentfamilien, welche die Technologie wie auch die Produkte schützen. Dieses Portfolio ist ein wichtiges Asset für spätere Kollaborationen mit grossen Pharmaunternehmen.

www.pevion.com

Interview mit Dr. Thomas Stauffer, CEO

Wie war Ihre Situation vor der ersten Kapitalaufnahme?

Pevion Biotech ist ein Spin-off von Berna/Crucell und Bachem. Dadurch waren wir bei der Startfinanzierung nicht auf das private Umfeld oder Business Angels angewiesen.

Wie sind Sie bei der Suche nach weiterem Kapital vorgegangen?

Für die zweite Finanzierungsrunde machten wir uns zuerst klar, welche Kapitalgeber zu uns und unseren bisherigen Investoren passen. Jeder Investor wird im VR seinen Einfluss haben. Bei Investoren mit unterschiedlichen Interessen besteht die Gefahr, dass das Unternehmen handlungsunfähig wird, da nicht alle am gleichen Strick ziehen.

Welche Form von Kapitalgeber haben Sie gewählt?

Durch die Spin-off-Situation war es naheliegend, dass wir für die erste Finanzierungsrunde die ehemaligen Muttergesellschaften als Aktionäre zu gewinnen versuchten. In der zweiten Finanzierungsrunde haben wir uns aber für weitere Kapitalgeber geöffnet.

Welche Erfahrungen machten Sie mit dem Kapitalgeber im Rahmen der Vertragsverhandlungen und der Due Diligence?

Die Due Diligence ist ein grosser administrativer Aufwand: Wir hatten nach fünf Jahren für unsere Due Diligence Akten, die zwischen 30 und 40 Bundesordner füllten. Es ist aber auch ein sehr wichtiger Prozess, da er mithilft, die Situation der Firma zu durchleuchten. Natürlich werden auch fehlende Unterlagen oder sogar Strategien identifiziert, und so hilft eine Due Diligence einem Unternehmen auch, sich auf den neusten Stand zu bringen. Die Due Diligence ist somit ein wichtiger Schritt für die Finanzierung und auch für den späteren Exit der Investoren; sei es via IPO oder via Trade Sale. Die Due Diligence ist ein intensiver, aber insbesondere für Start-ups ein sehr lehrreicher Prozess.

Wie haben Sie das Kapital erhalten?

Wir haben das Kapital ausschliesslich in Form von Aktienkapital und Agio erhalten. Sowohl die initialen 20 Millionen Franken als auch die 35 Millionen der zweiten Runde wurden in Tranchen beim Erreichen definierter Meilensteine ausbezahlt. Meilensteine bilden ein Sicherheitsventil für Investoren.

Wie nimmt der Kapitalgeber Einfluss?

Unsere Kapitalgeber sind direkt oder indirekt im Verwaltungsrat vertreten und haben zudem die Stimmrechte der Aktien. Ansonsten lässt uns der Kapitalgeber operativ arbeiten. Allerdings haben wir eine monatliche Rapportierungspflicht bezüglich Finanzen, Business Development und Technologieentwicklungen gegenüber dem Verwaltungsrat und den Investoren.

Welchen Zusatznutzen haben Sie durch den Kapitalgeber?

Kapitalgeber sind sehr wichtige Partner, welche kleinen Firmen helfen, sich optimal zu entwickeln. Sie bilden ein wichtiges «Sounding Board», da sie mit ihrer Erfahrung und dem Vergleich mit dem Industrieumfeld, dem Unternehmen bei der Ausrichtung und Weiterentwicklung helfen können. Die Investoren identifizieren Schwachpunkte im Unternehmen und helfen diese zu beseitigen. Zusätzlich ermöglichen sie den Zugang zu Kunden oder wichtigen Meinungsträgern.

Finanzierungseigenschaften

Art	Neugründung	√
	Kapitalerhöhung	
Kapitalart	Aktienkapital	√
	Darlehen	
	zinsloses Darlehen	
	Mezzanine	
	a Fond perdu / Preisgeld	
Kapitalform	einmalig	√
	gestaffelt	
Einflussnahme	Verwaltungsrat	√
	Beirat	
	Reviewgespräche	
	Operative Unterstützung	√
Zusatznutzen	Wissen	√
	Infrastruktur	√
	Kunden	√
	Reputation	
	weiteres	
Kapitalsuche	Internet	
	persönliches Umfeld	√
	Investorenvereinigung	
	Stiftungen	
	Hochschule	
	Wettbewerb	

Bei uns waren die Schwachpunkte in der späteren klinischen Entwicklung und im Positionieren von Produkten. Der Kapitalgeber stellte in diesem Fall ein entsprechendes VR-Mitglied mit der notwendigen Erfahrung.

Wie viele der bei der Kapitalaufnahme vereinbarten Ziele wurden erreicht?

Wir haben die meisten Ziele erreicht. Gewisse, nicht erreichte Ziele wurden auf der Zeitachse geschoben, da die Investoren einen Strategiewechsel durchgeführt haben: Bestehende Meilensteine wurden durch Neue ausgetauscht.

Würden Sie wieder mit einem solchen Kapitalgeber finanzieren?

Ich bin mit den jetzigen Kapitalgebern zufrieden. Ich würde noch vermehrt darauf achten, wie die Investoren zueinander passen.

Zusammenfassung

Pevion Biotech wendet ihre auf Virosomen basierende Technologieplattform für die Entwicklung von prophylaktischen und von therapeutischen Impfwirkstoffen an. Pevion Biotech entwickelt Impfstoffe und bringt diese aus dem Forschungsstadium in die klinische Produktion.

Pevion Biotech ist ein Spin-off von Berna/Crucell und Bachem und wurde mit einem Startkapital von insgesamt 20 Millionen Franken ausgestattet, welches an Meilensteine gekoppelt war. In einer zweiten Finanzierungsrunde nahm das Unternehmen nochmal 35 Millionen Franken von Investoren auf.

BEDEUTUNG VON CORPORATE VENTURING FÜR ALSTOM

Alexander Schläpfer

ALSTOM

Als weltweit führender Infrastrukturanbieter hat Alstom die Hauptkomponenten für über 20 Prozent der global installierten Kraftwerkskapazität geliefert und ist der grösste Anbieter schlüsselfertiger Kraftwerksanlagen. In der Bahntechnik ist Alstom vor allem bekannt für Hochgeschwindigkeitszüge (TGV), aber auch für seine Nahverkehrslösungen – so stammt weltweit jede vierte Metro von Alstom. Der Konzern, mit Hauptsitz in Paris, erzielte 2008 einen Umsatz von 18.4 Milliarden Euro.

Ein Systemanbieter, wie Alstom es ist, integriert in grossem Umfang Technologie von Unterlieferanten. Als Folge des enormen Kostendruckes, dem seine Geschäftsfelder in den letzten Jahrzehnten ausgesetzt waren, fokussierte der Konzern seine Forschung und Entwicklungsanstrengungen auf die Bereiche, die er als ‹core technology› bezeichnet hatte, so zum Beispiel auf die Gasturbinentechnologie oder die CO_2-Abscheidung.

Um konkurrenzfähige Gesamtsysteme anbieten zu können, muss Alstom jedoch sicherstellen, dass auch in den ‹non-core›-Technologien laufend Innovation betrieben wird. Während man sich bis vor einigen Jahren oftmals auf die F&E seiner angestammten Lieferanten verliess, verfolgt Alstom für diese Bereiche heute mehr und mehr eine ‹open innovation›-Strategie, indem es proaktiv auf Unternehmen mit interessanter Technologie zugeht und mit diesen gemeinsam Entwicklungsprojekte zu realisieren sucht. Dies sind immer wieder auch Start-up- oder Kleinunternehmen. Ein Grund dafür liegt wohl darin, dass viel neue Technologie von Universitäten und Forschungslaboren über Start-ups in den Markt eingeführt wird. In solch einer Zusammenarbeit transferiert Alstom auch Wissen an seine Partner. Es entsteht so Spitzentechnologie, die weit über den Kraftwerks- oder den Bahnbereich hinaus appliziert werden kann.

Es ist aber nicht nur der Zugang zu neuer Technologie, der Alstom an der Zusammenarbeit interessiert, sondern auch neue Perspektiven, die sich daraus eröffnen, etwa auf Kundenbedürfnisse in verwandten Märkten, auf neue Geschäftsmodelle oder auf sich abzeichnende Verschiebungen in der Wertschöpfungskette. Seit 2006 hat Alstom angefangen, auch im kommerziellen Bereich enger mit Start-ups zusammenzuarbeiten, und hat sich in einzelnen Fällen auch an deren Eigenkapital beteiligt; dies primär in der Überzeugung, dass die Produkte der Start-ups – über den Alstom-Gebrauch hinaus – sehr gute Marktchancen hatten und eine ‹Call-Option› auf den in der Zusammenarbeit geschaffenen Mehrwert lösen wollten. Diese Investitionen entwickelten sich erfreulich, und die daraus gesammelten Erfahrungen flossen im Jahre 2008 in die neue konzernweite Innovationsstrategie ein, die unter anderem den Aufbau eines Corporate Venturing vorsieht.

Der Aufbau eines professionellen Corporate Venturings (CV) erfordert, neben der Kapitalverpflichtung, Zeit, Geduld und sehr klare Zielsetzungen. Viele CV-Projekte sind daran gescheitert, dass die finanziellen Zielsetzungen nicht im voraus geklärt waren oder – falls keine solche vorhanden waren – der Erfolg der Aktivität äusserst schwer messbar war und diese dann beim nächsten Konjunkturumschwung der Kostenaxt zum Opfer fiel. Weiter zeigt die Erfahrung, dass CV am besten in einer vom operativen Geschäft des Konzerns unabhängigen Struktur gedeiht, die der CV-Gruppe weitgehende Selbständigkeit in der Findung von Investitionsentscheiden sowie auch marktgerechte Anreizsysteme einräumt. Diese Unabhängigkeit von den oft schwerfälligen Strukturen eines Grosskonzerns ist vor allem in der Zusammenarbeit mit professionellen Venture-Kapitalgebern wichtig, denen es vor langen Entscheidungsprozessen graut. Ein zusätzliches Element der Glaubwürdigkeit ist die Fondsgrösse, die es erlauben sollte, ein angemessen grosses Team zu unterhalten und ein Portfolio von mindestens 10 bis 15 Beteiligungen aufzubauen. Schliesslich sollte die Investitionsstrategie klar festgelegt und weit kommuniziert werden.

Für die rasche Umsetzung von Alstoms CV-Projekt war besonders wichtig, dass relativ schnell ein vernünftiges Deal-Flow-Volumen aufgebaut und ein Team von erfahrenen VC-Kadern zusammengestellt werden konnten. In Gesprächen mit dem Corporate-Venturing-Team der französischen Schneider Electric Gruppe entstand die Idee, zusammenzuarbeiten und einen gemeinsamen Fonds aufzulegen, der im November 2009 mit Zusagen von 70 Millionen Euro sein «first closing» hatte. Ein weiterer Corporate Investor sowie französische und multilaterale Finanzinstitute haben Interesse bekundet, ebenfalls in den Fonds zu investieren. Es darf angenommen werden, dass bis zum Ende der Zeichnungsfrist am 1. Mai 2010 eine Fondsgrösse von 120 Millionen Euro erreicht wird.

Dieser neue Fonds wird vorwiegend in Gebieten investieren, die in die Openinnovation-Strategie der beiden Initialpartner fallen. Im Fokus stehen Non-Core-Technologie-Bereiche, in denen beide Konzerne die Zusammenarbeit mit Start-ups suchen:

- Neue Formen der Energieerzeugung, der Energiespeicherung des Energiemanagements sowie der Luftreinhaltung und Wasseraufbereitung
- Neue Datenübermittlungs- und Prozesstechnologie inklusive Sensorik und Robotik
- Neue Werk- und Verbundstoffe, intelligente Materialien und Nanotechnologie

Obwohl die Wertschöpfungsthese des Fonds auf dem Thema der Zusammenarbeit mit einem der Initialpartner-Konzerne aufbaut, ist eine solche nicht unbedingt Voraussetzung für eine Investition des Fonds, und umgekehrt ist eine Beteiligung nicht Voraussetzung für eine Zusammenarbeit. Der Fonds soll vielmehr das erhebliche technologische Wissen der Konzerne mit dem kommerziellen und strategischen Know-how eines professionellen Venture-Capital-Teams verbinden, aber nur dort investieren, wo aussergewöhnliche Renditen zu erwarten sind. Tendenziell werden dies eher ‹early stage›-Investitionen sein (der Fonds kann sich aber auch an ‹expansion›- oder ‹pre-IPO›-Runden beteiligen). In der Regel werden Investitionen mit anderen Venture-Fonds syndiziert. Somit wird der Fonds auch die üblichen Exit-Strategien verfolgen und seinen Initialpartnern natürlich keine besonderen Rechte einräumen.

Dieses Modell eines ‹multi-corporate›-Venture-Fonds ist bisher einzigartig. Wir denken, dass diese Verbindung von profundem Technologieverständnis, professioneller Venture-Capital-Kultur und Grosskonzernen als potentiellen Industrialisierungspartnern auch ein interessantes Renditepotential verspricht. Über seine zehn Jahre Laufzeit hat der Fonds ein Renditeziel von jährlich 15 Prozent.

BEDEUTUNG VON CORPORATE VENTURING FÜR SWISSCOM

Dominique Mégret

swisscom

Swisscom und ihre Tochterfirma Fastweb haben eine lange Innovationsgeschichte im Telekommunikationsbereich. Ihnen wird ihre Pionierarbeit in neuen Industriesegmenten zugeschrieben. Diese umfassen:

- Vorausbezahlte (Prepaid) Mobiltelefonkarten 1995
- Kabelloses Roaming bei Clearinghäusern 1997
- Internetfernsehen (IPTV) (Fastweb) 2002
- Unlimitiertes WIFI und mobiler Breitbandinternetzugang 2003
- Grösste Markteinführung von VDSL in Europa 2006

Während Swisscom seit Beginn zur Innovationsfinanzierung verpflichtet wurde, haben sich die Ziele, die Organisation und die Methoden fundamental verändert: Bis zum Börsengang Ende der 1990er Jahre betrieb die im Staatsbesitz befindliche PTT grosse Forschungs- und Entwicklungsabteilungen, um eigene Telekommunikationsprodukte zu entwickeln. In den letzten zehn Jahren fokussierte Swisscom ihre Kräfte mehr auf angewandte Forschung und die Überwachung und Integration von neuen Technologien von externen Firmen.

Dieser neue, offene Innovationsansatz wurde zentral, um mit dem sich beschleunigenden Innovationspfad mitzuhalten, der von kleinen, weltweit verteilten Unternehmen stammt. Der Telekommunikationssektor wurde fundamental durch Entwicklungen ausserhalb des traditionellen Telekommunikationssektors beeinflusst:

- Internetsuche und Internetportale
- Web 2.0 / elektronische soziale Netzwerke
- Instant Messaging
- Telefongespräche übers Internet (VoIP)
- Smart Phones
- Internetfernsehen

Swisscom entwickelte Instrumente und Prozesse, um Beziehungen zu externen Jungunternehmen und Industrieentwicklungen zu verstehen und profitabel einsetzen zu können.

Organisation

Swisscom implementierte einen organisatorischen Strukturrahmen im Um-

Abbildung 11: Struktur Swisscom

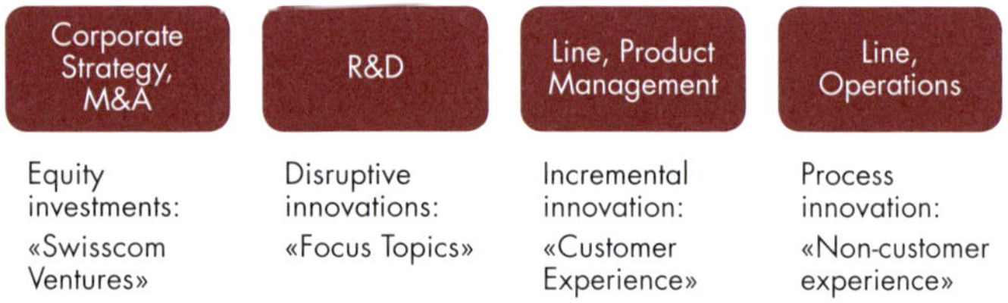

(Quelle: Swisscom)

gang mit Innovationen (Abbildung 11) Die Corporate-Venturing-Aktivitäten fokussieren auf den Bereich «Swisscom Ventures». Er ist die einzige Einheit, welche Minderheitsbeteiligungen an externen Firmen unterhält. Die drei anderen Geschäftsbereiche entwickeln interne Projekte, welche vollständig durch die Swisscom geleitet werden.

Swisscom Ventures

Swisscom Ventures wurde 2005 ins Leben gerufen und investierte einen mittelgrossen, zweistelligen Millionenbetrag in 16 Beteiligungen, bestehend aus 13 Direktinvestitionen in Jungunternehmen und drei in Fonds. Das diversifizierte Portfolio reicht von Breitbanddienstleistungen, Netzwerktechnologien bis zu Wachstumsunternehmen im Bereich der Internetmedien. Die Hälfte der Firmen ist in der Schweiz ansässig, ein Viertel befindet sich in den USA und der Rest verteilt sich auf Europa. Das genaue Portfolio ist unter www.swisscom.com/ventures ersichtlich.

- *Abspaltungen (Spin-offs):* Swisscom Auto-ID, cocomment, wifi.com, iccoss, me2me.
- *Externe Jungunternehmen:* Quantenna, Assia, Liberovision, Diino, Firecomms, Transmedia, Sequans, Kyte.
- *Externe Private Equity Fonds:* Mona Lisa/Vinci Capital (mit Fokus Schweiz), MVP (mit Fokus Deutschland und USA), SBI (mit Fokus Asien).

Als Corporate Venturing-Einheit fokussiert Swisscom Ventures auf die Generierung von strategischem Mehrwert neben den finanziellen Aspekten. Die Schlüsselfelder für den strategischen Mehrwert sind:

- *Überwachung von aufsteigenden Technologien und Geschäftsmodellen:* Einführung von innovativen Jungunternehmen in die Organisation von Swisscom und deren oberste Führungsebene, Zugang zum internationalen Investorennetzwerk.
- *Erforschung neuer Wachstumsmöglichkeiten:* Gewinnung von praktischer Erfahrung in potentiellen zukünftigen Wachstumsgebieten.

- *Kosteneffizienz:* Entdeckung von neuen Technologien, welche die Betriebseffizienz im Swisscom-Netzwerk steigern.
- *Einkommen und Aufrechterhaltung:* Entdeckung von neuen Diensten für das Swisscom-Netzwerk.
- *Kulturwandel und Entwicklungsmöglichkeiten im Personalwesen von Swisscom:* Förderung des unternehmerischen Denkens innerhalb von Swisscom.
- *Öffentlichkeitsarbeit:* Förderung der Innovation und des unternehmerfreundlichen Auftritts.

Swisscom Ventures tätigt normalerweise Investitionen zwischen ein und fünf Millionen Franken pro Jungunternehmen über seinen Lebenszyklus, wobei die Erstinvestition teilweise unter einer Million Franken liegt. Die sich ergebenden Investitionsmöglichkeiten von Swisscom-internen und externen Quellen werden durch das Swisscom Venture-Team ausgewählt. Die definitiven Investitionsentscheide werden durch das Venture-Investitions-Komitee unter dem Vorsitz des CFOs (Ueli Dietiker) und des Chefstrategen (Daniel Ritz) getroffen.

ZUSAMMENFASSUNG CORPORATE VENTURE CAPITAL

Zusammenfassend kann gesagt werden, dass Corporate Venture Capital als Quelle für alle Innovatoren zur Verfügung steht, welche die Gründungsphase hinter sich haben. Die grosse Herausforderung ist es, die richtige etablierte Unternehmung zu finden, da der Markt aus Sicht der Finanzierung sehr intransparent ist. Einige multinationale Konzerne verfügen über spezielle Abteilungen, bei allen anderen führt kein Weg an einem «Anklopfen» vorbei; dies mag ein Grund sein, weshalb die Investoren in den oben beschriebenen Fallbeispielen allesamt aus dem persönlichen Umfeld der Unternehmer stammen. Typischerweise stellen etablierte Unternehmen neben Kapital und Wissen auch Infrastruktur sowie den Zugang zu Kunden zur Verfügung – wie wir in

Finanzierungseigenschaften

Art	Neugründung	√
	Kapitalerhöhung	√
Kapitalart	Aktienkapital	√
	Darlehen	√
	zinsloses Darlehen	
	Mezzanine	√
	a Fond perdu / Preisgeld	
Kapitalform	einmalig	√
	gestaffelt	√
Einflussnahme	Verwaltungsrat	√
	Beirat	
	Reviewgespräche	
	Operative Unterstützung	√
Zusatznutzen	Wissen	√
	Infrastruktur	√
	Kunden	√
	Reputation	√
	weiteres	

den Beispielen ebenfalls gesehen haben.
Per 2011 sollte die geplante Plattform von CTI Invest online gehen. Dann können innovative Projekte dort angemeldet werden, worauf sie vom Betreiber an die passenden etablierten Unternehmen weitergeleitet werden. Bis zu diesem Datum können Anlässe wie der CEO Day einen kleinen Beitrag zur Zusammenführung von Geld und Geist leisten.

ADRESSEN VON CORPORATES

Merck Serono Venture Fund
9, chemin des Mines
1211 Geneva 20
http://www.merckserono.com/en/partnering/venture_capital_fund/venture_capital_fund.html

Novartis Venture Funds
Postfach
4002 Basel
Tel. +41 61 324 32 67
www.venturefund.novartis.com

Roche Venture Fund
F. Hoffmann-La Roche AG
Grenzacherstrasse 124
4070 Basel
www.venturefund.roche.com

Swisscom Ventures
Alte Tiefenaustrasse 6
3048 Worblaufen
+ 41 31 342 64 68
www.swisscom.ch/Ventures

Alexander Schläpfer
VP Corporate Venturing
c/o Alstom (Schweiz) AG
Brown Boveri Strasse 7
5401 Baden
+33 1 4149 3125
E-Mail: alexander.schlaepfer@power.alstom.com

Oben genannt sind nur diejenigen etablierten Unternehmen, die Investitionen in junge Unternehmen institutionalisiert haben. Alle anderen Gesellschaften, die primär über die Fachabteilungen investieren, müssen über einen operativen, auf industrieller Logik basierten Prozess angegangen werden.

PRIVATE EQUITY SEED FINANZIERUNG (VENTURE CAPITAL)

Private Equity Fonds sind professionelle Investoren, die Kapital über eine gewisse Laufzeit zur Verfügung stellen. Bei der Finanzierung von sehr jungen Unternehmen während oder kurz nach der Gründung spricht man von der Private Equity Seed Finanzierung oder von Venture Capital. Im Jahr 2008 wurden über diese Kapitalquelle 29 Jungunternehmen aus der Schweiz mit gesamthaft 19.5 Millionen Franken finanziert.

Ziel der Private Equity Fonds ist es, das Geld ihrer Investoren über eine gewisse Laufzeit in Unternehmen zu investieren, um am Ende der Investitionsperiode die Beteiligungen (idealerweise mit einem signifikant höheren Wert) zu veräussern. Gerade bei sehr jungen Unternehmen ist die Sterblichkeitsrate sehr hoch, was bedeutet, dass die überlebenden Firmen diese Ausfälle kompensieren müssen. Entsprechend setzen die Private Equity Fonds alles daran, dass junge Unternehmen erfolgreich in eine nachhaltige Zukunft entwickelt werden können. Selbst nehmen sie dabei meist über Verwaltungsratsmandate Einfluss und halten einen sehr aktiven

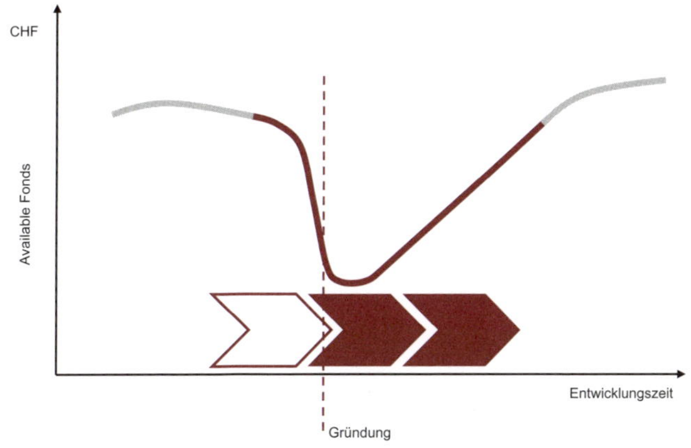

(Quelle: IFZ)

Abbildung 12: Finanzierungsphasen bei Private Equity im Seed-Bereich

Abbildung 13: Zehn-Jahres-Vergleich verschiedener Anlagekategorien

	Rendite	Risiko[1]	Liquidität	Nutzen[3]
PE Seed	8–22%	hoch[1]	gering[2]	hoch
PE gesamt	12–15%	hoch[1]	gering[2]	hoch
Aktienbörsen	7–9%	hoch	mittel	gering[3]
Anleihen	4–5%	mittel	hoch	gering[3]
Gold	1–2%	mittel[1]	sehr hoch	gering
Immobilien[4]	4–8%	mittel	mittel[2]	mittel
Hedgefonds	5–15%	mittel[1]	mittel	gering
Sparheft	2–3%	gering	sehr hoch	mittel

Farbkodierung: rot = besser, weiss = mittel, grau = schlechter

(Quelle: Nicolas Berg)

Kontakt zu den Innovatoren. Ähnlich wie Business Angels stellen die Private Equity Investoren auch Wissen zur Verfügung und Kontakte zu anderen Marktteilnehmern.

In dieser frühen Lebensphase investieren Private Equity Fonds in der Regel *zwischen 500 000 und 2 000 000 Franken.* Der Investitionsprozess gliedert sich dabei in mehrere Schritte:

- Zuerst muss sich der Private Equity Fonds selbst mit Kapital versorgen. Dieses wird bei Investoren beschafft. Aufgrund der attraktiven Investitionsmöglichkeit stellt die Kapitalbeschaffung für die einzelnen Fonds keine grössere Problematik dar. Wie von Nicolas Berg aufgearbeitet, stellt Private Equity und im Besonderen die Finanzierung der Seed-Phase eine attraktive Investitionsmöglichkeit für Anleger dar. Die Abbildung 13 zeigt verschiedene typische Anlagekategorien im Zehnjahres-Vergleich.
- Ist das Investitionskapital generiert sucht der Private Equity Fonds einen kontinuierlichen Dealflow einzurichten. Ihre Vertreter besuchen Fachmessen und spezielle Anlässe wie den bereits mehrmals erwähnten CEO Day. Normalerweise sind Private Equity Fonds spezialisiert auf einzelne Branchen, Lebensphasen und geographische Märkte. Durch dieses meist klare Profil wird die Wahrscheinlichkeit des Aufeinandertreffens von Innovation und Kapital begünstigt.
- Aus den gefundenen Investitionsmöglichkeiten werden diejenigen ausgesucht, die zur Investitionsstrategie des Fonds passen und eine möglichst hohe Rendite erwarten lassen. Die Chance einer Finanzierung steht bei gewissen Private Equity Fonds 1:100. Von 100 begutachteten Investitionsmöglichkeiten wird schliesslich in eine einzige investiert. Da Private Equity Fonds

nicht ihr eigenes Geld investieren, bedingen solche Investitionen einen rigiden Prüfungsprozess. Entspricht die Innovation den Anforderungen des Private Equity Fonds, wird über die Art des Kapitalzuflusses verhandelt und die Betreuung des Jungunternehmens sichergestellt. Der Prozess vom ersten Kontakt bis zur abgeschlossenen Kapitalzufuhr hat in der Regel eine ***Durchlaufzeit zwischen zwei und sechs Monaten.***

- Nach rund fünf bis zehn Jahren steigt der Private Equity Fonds wieder aus seinen Beteiligungen. Das Ziel ist (bei der Seed Finanzierung noch viel mehr als bei anderen Lebensphasen) weniger ein Ertrag aus Dividenden als vielmehr ein Verkaufspreis, der deutlich über der einstigen Investition liegt. Der Ausstieg kann dabei über einen Börsengang (IPO), einen Verkauf an einen industriellen Käufer (Trade Sale) oder einen Verkauf an einen Private Equity Fonds mit Spezialisierung auf eine spätere Lebensphase (secondary Sale) erfolgen.

Wie in der Einleitung aufgeführt, sind auch immer mehr Kantonalbanken in einer solchen Finanzierung von Innovation aktiv. Daher sind diese mit ihren spezifischen Ausrichtungen im Adressverzeichnis am Ende dieses Kapitals aufgeführt.

Auf den folgenden Seiten werden nun vier Unternehmen vorgestellt, die allesamt mit Private Equity finanziert sind:

Firma	Tätigkeit	Branche
Natoil	Schmierstoffentwicklung	Industrial Engineering
Edisun Power	Solarstromproduktion	Greentech
Trigami	Blogging-Kampagnen	ICT
Redbiotec	Virussimulation/Therapien	Medtech

FALLBEISPIEL NATOIL AG

NATOIL
High Tech mit Gutem Gewissen®

Natoil entwickelt und produziert eine breite Palette an Schmierstoffen, wie Motoren- oder Hydrauliköle, auf der Basis nachwachsender Rohstoffe. Ausgangsmaterial ist das Öl einer speziell gezüchteten Sonnenblume: der so genannten High Oleic Sunflower. Diese liefert ein besonders alterungsstabiles Öl. Die Schmierstoffe auf Pflanzenölbasis machen vom Erdöl und dessen Preisentwicklung unabhängig. Doch die Natoil-Produkte besitzen darüber hinaus noch einen weiteren gewichtigen Vorteil. Sie weisen einen deutlich

höheren Viskositätsindex auf. Dies senkt nicht nur den Verschleiss von Maschinen und Motoren, sondern erhöht auch die Effizienz markant. Maschinen brauchen deswegen deutlich weniger Energie, wenn sie mit Natoil-Produkten geschmiert sind, als wenn petrochemische Produkte zum Einsatz kommen. Die Natoil-Schmierstoffe sind durch weltweit anerkannte Labors getestet und haben sich im Alltag bereits bewährt. Vermarktet werden die technischen Pflanzenöle sowohl unter dem Namen Natoil als auch durch andere Unternehmen.
www.natoil.ch

Interview mit Geschäftsführer Otto Botz

Wie war Ihre Situation vor der Kapitalaufnahme?

Uns stand nur wenig Kapital zur Verfügung. Wir mussten entsprechend in kleinen Schritten planen. Da eine langfristige Planung nicht möglich war, konnten wir nur kurz- bis mittelfristig planen; beim Unternehmenswachstum wurden immer nur die kommenden Monate finanziert.

Wie sind Sie bei der Suche nach Kapital vorgegangen?

Wir vergewisserten uns, wer in nachhaltige Bereiche investiert, weil dies aufgrund unseres Produktes und seiner Vorteile in Sachen Nachhaltigkeit und Energieeffizienz bei uns zentral ist. Wir haben Private Equity Firmen mit unserem Businessplan angeschrieben. Wir hatten dann die Möglichkeit, eine zehnminütige Präsentation zu halten, an der sich insgesamt zehn Unternehmen vorstellen konnten.

Welche Form von Kapitalgeber haben Sie gewählt?

Natoil wurde in Deutschland mit einem Business Angel gegründet. In der Folge siedelten wir in die Schweiz über und finanzierten uns durch institutionelle Investoren. Business Angels und Private Equity Fonds entsprachen unseren Vorstellungen bezüglich Unterstützung neben dem reinen Finanzierungsaspekt.

Welche Erfahrungen machten Sie mit dem Kapitalgeber im Rahmen der Vertragsverhandlungen und der Due Diligence?

Die Due Diligence hat uns konkret genützt: Sie zeigt sowohl konkret Schwächen und Versäumnisse auf, als auch noch nicht entdeckte Stärken. Eine gute Due Diligence ist eine Unternehmensanalyse. Man erhält stellenweise einen ganz anderen Blickwinkel auf das eigene Unternehmen.

Wie haben Sie das Kapital erhalten?

In Form von Aktienkapital, wobei die Auszahlung des Kapitals an das Erreichen vereinbarter Meilensteine gekoppelt wurde.

Wie nimmt der Kapitalgeber Einfluss?

Die beiden wichtigsten Kapitalgeber sind im Verwaltungsrat in unserem

Verwaltungsrat vertreten. Bei jungen Unternehmen finden Verwaltungsratssitzungen relativ häufig statt. Der Kapitalgeber ist eine Hilfe, da er viel Erfahrung in Bezug auf strategische Überlegungen besitzt.

Welchen Zusatznutzen haben Sie durch den Kapitalgeber?

Wir durften das Beziehungsnetzwerk auf PR-Ebene nutzen, was unseren Bekanntheitsgrad erhöhte und uns erlaubte, von bestehenden Kontakten des Kapitalgebers zu profitieren. Zudem war die Unterstützung im Schweizer Recht für uns wichtig. So konnten wir bei Fragen erst einmal unseren Kapitalgeber kontaktieren, bevor wir einen Schweizer Anwalt beiziehen mussten. Des Weiteren erhalten wir laufend die benötigte strategische Unterstützung.

Wie viele der bei der Kapitalaufnahme vereinbarten Ziele wurden erreicht?

Wir unterscheiden uns nicht von anderen Jungunternehmen in diesem Punkt. Die Diskussion dreht sich schliesslich um die Fragestellung, wie und weshalb die Ziele verfehlt wurden. Falls die Abweichung nicht zu gross ist und das Verfehlen erklärbar und nachvollziehbar ist, fliessen die Gelder weiterhin.

Würden Sie wieder mit einem solchen Kapitalgeber finanzieren?

Ja. Wenn ich heute nochmals am Anfang stünde, würde ich allerdings die Budgets am Anfang nicht mehr so hoch ansetzen und den Kapitalbedarf auf eine längere Achse ziehen, weil bei Jungfirmen mit innovativen Produkten letztlich alles viel länger braucht als ursprünglich geplant.

Welchen Einfluss nahm der Kapitalgeber während der Finanzkrise?

Keinen. Unser Kapitalgeber hat sich bezüglich der Finanzierung während der Finanzkrise nicht anders verhalten als sonst. Die Finanzkrise hatte aber

Finanzierungseigenschaften

Art	Neugründung	
	Kapitalerhöhung	√
Kapitalart	Aktienkapital	√
	Darlehen	
	zinsloses Darlehen	
	Mezzanine	
	a Fond perdu / Preisgeld	
Kapitalform	einmalig	
	gestaffelt	√
Einflussnahme	Verwaltungsrat	√
	Beirat	
	Reviewgespräche	
	Operative Unterstützung	
Zusatznutzen	Wissen	√
	Infrastruktur	
	Kunden	
	Reputation	√
	weiteres	
Kapitalsuche	Internet	
	persönliches Umfeld	
	Investorenvereinigung	√
	Stiftungen	
	Hochschule	
	Wettbewerb	

einen direkten Einfluss auf unseren Absatzmarkt.

Zusammenfassung
Natoil entwickelt und produziert nachhaltige Schmierstoffe auf Basis nachwachsender Rohstoffe, um fossile Energiequellen zu schonen. Das Unternehmen wurde in Deutschland mit Hilfe von Business Angels gegründet und hat später in der Schweiz mit Private Equity weiter expandiert.

FALLBEISPIEL EDISUN POWER AG

EDISUN POWER

Als Schweizer Solarstromproduzent entwickelt, finanziert und betreibt die Edisun Power Europe AG Solarstromanlagen in verschiedenen europäischen Ländern. Sie führt Kapitalbeschaffungen zur Projektierung und zum Bau von Solarstrom-Projekten in Ländern mit kostendeckender Einspeisevergütung durch. Die staatlichen Verträge sind so angelegt, dass der Kapitalrückfluss innerhalb der Vertragsdauer möglich wird. Mit der kostendeckenden Vergütung sind nicht nur die Kapitalkosten gedeckt, sondern auch die laufenden Ausgaben für Unterhalt, Versicherung und Administration.
Per Ende 2009 war die Edisun Power Gruppe in der Schweiz, Deutschland, Spanien und Frankreich tätig. Neue Projekte in Ländern mit kostendeckender Einspeisevergütung schaffen für Investoren jedoch nach wie vor interessante Möglichkeiten, in diesem Wachstumsmarkt Kapital anzulegen. Seit 1997 auf diesem Gebiet tätig, gehört die Edisun Power Gruppe zu den erfolgreichen Unternehmen der Schweizer Solarenergiebranche. Seit September 2008 ist das Unternehmen an der Schweizer Börse SIX kotiert. Edisun Power wuchs in den vergangenen Jahren kontinuierlich. Mitte 2009 verfügte das Unternehmen in der Schweiz, Deutschland, Spanien und Frankreich über 57 Solaranlagen mit einer Gesamtleistung von 6.8 Megawatt. Weitere Anlagen sind derzeit in Spanien, Frankreich, Tschechien sowie in der Schweiz im Bau.
www.edisunpower.com

Interview mit Mirjana Blume, CEO
Wie war Ihre Situation vor der Kapitalaufnahme?
Unsere Finanzierung stellten wir über Familien und Freunde sicher. Vor unserem Börsengang hatten wir 800 Aktionäre. Der Private Equity Fonds «New Energies Invest AG» (NEI) gehörte ebenfalls dazu und hat seinen Anteil im Rahmen des Börsengangs massiv erhöht.

Wie sind Sie bei der Suche nach Kapital vorgegangen?

Wir haben unsere Firma an verschiedenen Orten und bei diversen Investoren persönlich vorgestellt. Ferner inserierten wir in Magazinen, welche einen klaren Bezug zu nachhaltigem Umgang mit natürlichen Ressourcen aufweisen, wie zum Beispiel das Mitgliedermagazin des WWF.

Welche Form von Kapitalgeber haben Sie gewählt?
Vor dem Börsengang waren wir zu rund einem Drittel durch mehrheitlich privat platziertes Aktienkapital und zu zwei Dritteln durch privat platzierte Obligationen finanziert. NEI kam als erster institutioneller Investor bereits vor dem Börsengang zu unserem Unternehmen.

Welche Alternativen hatten Sie?
NEI war einer von diversen Investoren, welche anlässlich einer Kapitalerhöhung angegangen wurden. Jedoch hat uns nur NEI substantiell begleitet.

Warum haben Sie diese Form gewählt?
Uns war die Nachhaltigkeit unserer Idee zentral. NEI ist ein strategischer Partner, welcher nicht auf kurzfristige Gewinnmaximierung aus ist, sondern das Unternehmen mittel- bis langfristig begleiten möchte. Dies passt perfekt zu unserer langfristigen Unternehmensausrichtung.

Welche Erfahrungen machten Sie mit dem Kapitalgeber bei Vertragsverhandlungen und der Due Diligence?
Für die ersten Aktionäre war keine Due Diligence notwendig. Wir beschränkten uns auf Präsentationen, Publikationen und Inserate. Beim Einstieg von NEI hat eine Due Diligence stattgefunden.

Wie ist das Kapital ausbezahlt worden?
Wir emittierten privat platzierte Aktien oder verschuldeten uns, wann immer wir neues Kapital benötigten. Wir erhielten somit laufend Kapital von verschiedenen Quellen.

Finanzierungseigenschaften

Art	Neugründung	
	Kapitalerhöhung	√
Kapitalart	Aktienkapital	√
	Darlehen	
	zinsloses Darlehen	
	Mezzanine	
	a Fond perdu / Preisgeld	
Kapitalform	einmalig	√
	gestaffelt	
Einflussnahme	Verwaltungsrat	√
	Beirat	
	Reviewgespräche	
	Operative Unterstützung	
Zusatznutzen	Wissen	√
	Infrastruktur	
	Kunden	
	Reputation	
	weiteres	
Kapitalsuche	Internet	√
	persönliches Umfeld	√
	Investorenvereinigung	
	Stiftungen	
	Hochschule	
	Wettbewerb	

Wie nimmt der Kapitalgeber Einfluss?
NEI hat einen Sitz im Verwaltungsrat. Die anderen Aktionäre nehmen an der Generalversammlung teil und haben ihre zustehenden Stimmrechte.

Welchen Zusatznutzen haben Sie durch den Kapitalgeber?
Durch Investmenttagungen der NEI konnte ein gutes Netzwerk mit diversen Akteuren aufgebaut werden. Unsere Kunden sind die Stromkonzerne, welche in den einzelnen Ländern unseren produzierten Strom abnehmen. Der Zugang zu weiteren Investoren sowie Kapitalgebern wird durch das Netzwerk von NEI geschaffen.

Hatten Sie den erhofften Effekt durch Ihren Kapitalgeber?
Wir haben sehr gute und wichtige Reputationseffekte bei Partnern; zum Beispiel bei Banken und Kooperationspartnern. Die Branchenvernetzung innerhalb des Solarbereichs, aber auch zu Unternehmen in anderen Bereichen der erneuerbaren Energie wurde stark gefördert. Die erhofften Effekte konnten definitiv erzielt werden.

Würden Sie wieder mit einem solchen Kapitalgeber finanzieren?
Ja, aber ich würde in einer frühen Phase versuchen, mit Family Offices Kontakt aufzunehmen oder zumindest die entsprechende Kontakte zu vertiefen. Mit einem spezialisierten Private Equity Fonds wie NEI würde ich auf jeden Fall wieder zusammenarbeiten. Wir haben bisher nur gute Erfahrungen gemacht.

Zusammenfassung

Als Schweizer Solarstromproduzent entwickelt, finanziert und betreibt die Edisun Power Europe AG Solarstromanlagen in der Schweiz und in verschiedenen europäischen Ländern.
Die Edisun Power Gruppe führt Kapitalbeschaffungen zur Projektierung und zum Bau von Solarstrom-Projekten in Ländern mit kostendeckender Einspeisevergütung durch. Die staatlichen Verträge sind so angelegt, dass der Kapitalrückfluss innerhalb der Vertragsdauer möglich wird.

FALLBEISPIEL TRIGAMI AG

Trigami verbindet Werber mit erfolgreichen Bloggern. Im Rahmen von Blog-Kampagnen identifiziert Trigami die am besten geeigneten Blogs für ein bestimmtes Produkt. Die Idee für Trigami ist 2006 am ersten Schweizer BarCamp in Zürich entstanden, und zwar im Anschluss an einen Vortrag mit dem Titel «Quo Vadis Blogging – Geldmaschine oder Lustiges Hobby?». Daraufhin haben Alain Aubert und Remo Uherek einen Prototypen entwickelt. Die Beta-Version von Trigami ging 2007 online und im Juni 2007 wurde dann die Trigami AG offiziell gegründet.
Als Werbemöglichkeit auf erfolgreichen Blogs stehen Bannerwerbung, Werbetexte, Reviews und Testberichte über das beworbene Produkt zur Verfügung. Durch diese Form des Social Media Marketing wird ein Produkt oder eine Marke gezielt bei der potentiellen Zielgruppe beworben. Umgekehrt erhalten attraktive und vielbesuchte Blogs bei Google ein höheres Ranking, wodurch eine Werbekampagne noch einmal nachhaltiger wird.
www.trigami.com

Interview mit Remo Uherek, Managing Director

Wie war Ihre Situation vor der Kapitalaufnahme?

Wir koppelten die Firmengründung mit der Kapitalaufnahme.

Wie sind Sie bei der Suche nach Kapital vorgegangen?

Trigami entstand aus einem Projekt einer bestehenden Firma. Sehr früh im Investitionsprozess haben wir Investoren kontaktiert. Wir hatten zwei Finanzierungsrunden: Zuerst eine Seed-Finanzierung, die zweite war unter anderem eine Private Equity Finanzierung. Seit der Firmengründung haben wir auf dieses Ziel hingearbeitet.

Welche Form von Kapitalgeber haben Sie gewählt?

Wir haben von Beginn weg Business Angels und Private Equity Fonds avisiert. Wir hätten sicherlich Alternativen gehabt, die wir aber nicht in unseren Überlegungen berücksichtigten. Wir wollten mit Business Angels, beziehungsweise spezifischen Seed-Investoren zusammenarbeiten, da uns eine derartige Zusammenarbeit am sinnvollsten erschien.

Welche Erfahrungen machten Sie mit dem Kapitalgeber im Rahmen der Vertragsverhandlungen und der Due Diligence?

Für unser Unternehmen gab's nicht «eine grosse» Due Diligence; es war mehr ein persönlicher Kontakt. Wir erklärten, was wir vorhatten, welche Ziele wir innerhalb einer bestimmten Zeitperiode erreichen wollten (und konnten) und stellten den Investoren unsere detaillierten Kalkulationsgrundlagen vor.

Wie haben Sie das Kapital erhalten?
Wir haben Eigenkapital erhalten. Das Kapital floss in zwei Finanzierungsrunden. Teilweise investierten wir das erhaltene Kapital in unsere physische und virtuelle Infrastruktur. Mit dem ersten Kapital wollten wir unsere Plattform aufbauen, eine professionelle Homepage erstellen und erste Mitarbeiter einstellen.

Finanzierungseigenschaften

Art	Neugründung	√
	Kapitalerhöhung	
Kapitalart	Aktienkapital	√
	Darlehen	
	zinsloses Darlehen	
	Mezzanine	
	a Fond perdu / Preisgeld	
Kapitalform	einmalig	
	gestaffelt	√
Einflussnahme	Verwaltungsrat	√
	Beirat	
	Reviewgespräche	
	Operative Unterstützung	
Zusatznutzen	Wissen	√
	Infrastruktur	
	Kunden	√
	Reputation	
	weiteres	
Kapitalsuche	Internet	√
	persönliches Umfeld	√
	Investorenvereinigung	√
	Stiftungen	
	Hochschule	
	Wettbewerb	

Wie nimmt der Kapitalgeber Einfluss?
Der Vertreter eines Private Equity Fonds hat seinen Sitz im Verwaltungsrat. In diesem Rahmen findet ein reger Austausch statt.

Welchen Zusatznutzen haben Sie durch den Kapitalgeber?
Unsere Kapitalgeber sind vernetzt, was uns in verschiedener Hinsicht nützt. Vor allem aber bringen sich die Private Equity Fonds aktiv in Bezug auf die Sales- und Marketingstrategien ein, was uns sehr dienlich ist. Im ersten Jahr besetzte Peter Schüpbach das Verwaltungsratsmandat, seit dem zweiten Jahr übernahm dann Peter Niederhauser diesen Posten, um uns strategisch zu unterstützen. Wir sind in ständigem Kontakt mit dem Verwaltungsrat und somit gezielt auf die Sales-Ebene ausgerichtet. Das Engagement der Verwaltungsräte ist generell hoch, variiert jedoch immer etwas. Wir fragen auch von uns aus aktiv nach Input, sofern wir konkreten Unterstützungsbedarf haben. Für unsere Kunden spielt die Art der Finanzierung keine Rolle. Trotzdem erwähnen wir unsere Kapitalgeber in Pressecommuniqués und auf unserer Homepage.

Wie viele der bei der Kapitalaufnahme vereinbarten Ziele wurden erreicht?
Wir haben unsere Ziele erreicht und stehen bezüglich der Erfüllung der neuen Ziele in ständigem Kontakt mit den Kapitalgebern.

Würden Sie wieder mit einem solchen Kapitalgeber finanzieren?
Grundsätzlich würden wir wieder diesen Weg beschreiten. Allerdings würden wir einige Details anders machen: Wir würden in der ersten Finanzierungsrunde weniger Investoren zulassen; mehr Investoren bedeutet mehr administrativer Aufwand. Wir würden uns heute auf etwa drei bis vier Investoren beschränken. Ferner würden wir gewisse Sachen anders strukturieren.

Zusammenfassung
Trigami verbindet Werber mit erfolgreichen Bloggern. Im Rahmen von Blog-Kampagnen identifiziert Trigami die am besten geeigneten Blogger für ein bestimmtes Produkt.
Trigami wurde mit der Firmengründung durch Business Angels und Private Equity Fonds finanziert. Trigami empfiehlt, nicht zu viele Aktionäre aufzunehmen, da sich sonst ein grosser administrativer Aufwand generiert wird.

FALLBEISPIEL REDBIOTEC AG

redbiotec

Redbiotec ist eine junge Biotechnologiefirma. Sie verfügt über eine einzigartige Plattform zur Produktion von einzelnen Proteinen und Proteinkomplexen. Diese können in verschiedenen Anwendungsfeldern genutzt werden, unter anderem zur Entwicklung neuer Medikamente. Redbiotec bietet heute als Dienstleister anderen Pharmafirmen, Forschungseinrichtungen und weiteren Kunden aus aller Welt zum einen Virus-ähnliche Partikel und zum anderen Proteine und Proteinkomplexe an, die mit Hilfe der Redbiotec-Plattform produziert wurden. Darüber hinaus nutzt das Jungunternehmen sein grosses Know-how und die Plattform auch für die Entwicklung eigener Impfstoffe auf Proteinbasis gegen verschiedene Infektionskrankheiten.

Die Virus-ähnlichen Partikel, die so genannten Virussimulatoren, von Redbiotech weisen verschiedene Vorteile auf:

- Viren-ähnlicher als die Partikel der Konkurrenten,
- rasche Produktion
- Produktion von komplizierten Virus-ähnlichen Partikeln
- breites Anwendungsspektrum

Ebenfalls verschiedene Vorteile besitzen die kundenspezifischen Proteine und Proteinkomplexe, welche Redbiotec für Dritte produziert:

- verbesserte Lösbarkeit
- Erstellung von schwierigen Proteinen in hoher Reinheit
- Mengen von Mikrogramm bis in den Grammbereich

Redbiotec gewann bis anhin insgesamt 4 Preise: Venture 2006, Swiss

Technology Award 2007, Venture Leaders 2007 und De Vigier 2007.
www.redbiotec.ch

Interview mit Christian Schaub, CEO

Wie war Ihre Situation vor der Kapitalaufnahme?

Wir haben mehrere Preise gewonnen. Den ersten Preis, Venture 2006, haben wir noch vor der Gründung der Firma bekommen. Es lag zu diesem Zeitpunkt erst ein Plan vor. Richtig angefangen hat die Finanzierung Ende 2006 im Zug der Gründung.

Wie sind Sie bei der Suche nach Kapital vorgegangen?

Wir gingen sehr stark auf die Private Equity Fonds Schiene mit einem Fokus auf Fremdkapital. Wir hatten keine Alternative gesucht, weil wir unser Projekt schnell vorantreiben und das Eigenkapital unter uns behalten wollten, In diesem Punkt hatte sich der gewonnene Private Equity Fonds als idealer Partner erwiesen, da der uns eine Wandelanleihe anbieten konnte. Wir konnten in der ersten Phase also reines Fremdkapital einsetzen. In einer zweiten Phase wurde mittels Privatpersonen und eines weiteren Private Equity Fonds neues Kapital aufgenommen, diesmal als Aktienkapital.

Welche Form von Kapitalgeber haben Sie gewählt?

Wir haben uns mit den Preisgeldern und – neben dem Kapital der Privatinvestoren – mit dem Kapital der beiden Private Equity Fonds finanziert. Die einzige Alternative wäre gewesen, diese Firma virtuell zu betreiben. Das heisst, wir hätten die Mitarbeiter über Hochschulen finanzieren lassen können, um so Kosten auf beinahe Null zu drücken, wodurch wir praktisch ohne Kapital ausgekommen wären. Wir wollten uns aber abnabeln und uns über neue Mittel finanzieren und nicht über Anstellungsverträge an der ETH Zürich.

Welche Erfahrungen machten Sie mit dem Kapitalgeber bei Vertragsverhandlungen und der Due Diligence?

Wir hatten Due Diligence auf verschiedenen Ebenen: Die Wandelanleihe hätten wir nicht ohne Due Diligence erhalten, wozu wir eine Reihe von Dokumenten einreichen mussten: Businessplan, Finanzplan, Marketingplan und IP-Assessment.

Wie haben Sie das Kapital erhalten?

Wir haben Kapital in Form von Eigenkapital, Wandelanleihe und Preisgelder erhalten. Die ersten 250 000 der Wandelanleihe kamen in einer ersten Tranche, später erneut 150 000 und 100 000 wurden für die Wandlung zurückgehalten. Diese 100 000 werden im Rahmen einer weiteren Kapitalaufnahmerunde gewandelt.

Wie nimmt der Kapitalgeber Einfluss?

Der erste Private Equity Fonds mit der Wandelanleihe wollte regelmässig dokumentiert sowie an der Generalversammlung begrüsst werden. Der zweite Private Equity Fonds hat einen Vertreter im Verwaltungsrat.

Welchen Zusatznutzen haben Sie durch den Kapitalgeber?

Die Private Equity Fonds haben uns geholfen, bei den Banken relativ einfach Leasingverträge abzuschliessen. Die Privatinvestoren sind Experten in der Pharmabranche, wodurch Türen zu wichtigen Kontakten geöffnet werden konnten. Mit dem Vertreter im Verwaltungsrat haben wir nahezu jeden zweiten Tag Kontakt.

Wie viele der bei der Kapitalaufnahme vereinbarten Ziele wurden erreicht?

Wir haben nur im Rahmen der Wandelanleihe Ziele vereinbart, die allesamt erreicht wurden. Die übrigen Gelder wurden bedingungslos einmalig eingeschossen. Wir waren in der glücklichen Lage, dass wir nie einem Investor erklären mussten, weshalb wir ein Ziel nicht erreicht hatten.

Würden Sie wieder mit einem solchen Kapitalgeber finanzieren?

Wir hatten viele kleine Investoren, was administrativ mühsam war. Wir würden schauen, dass wir sie zusammenlegen könnten. Wir würden sicher wieder eine Wandelanleihe anstreben, da es in der Gründungsphase kein besseres Kapital als Fremdkapital gibt. Eigenkapital ist in der Gründungsphase einfach zu teuer.

Welchen Einfluss nahm der Kapitalgeber während der Finanzkrise?

Der Einfluss ist spürbar. Bei allen Investoren ist die Zurückhaltung erheblich grösser als noch vor zwei bis drei Jahren. Die Töpfe sind leer. Die noch vorhandenen Mittel konzentrieren sich auf diejenigen Investitionen, welche bis anhin finanziert wurden. Daraus folgt, dass es schwieriger wurde, neue Investoren zu finden.

Finanzierungseigenschaften

Art	Neugründung	√
	Kapitalerhöhung	
Kapitalart	Aktienkapital	√
	Darlehen	
	zinsloses Darlehen	
	Mezzanine	√
	a Fond perdu / Preisgeld	
Kapitalform	einmalig	√
	gestaffelt	√
Einflussnahme	Verwaltungsrat	√
	Beirat	
	Reviewgespräche	
	Operative Unterstützung	
Zusatznutzen	Wissen	√
	Infrastruktur	
	Kunden	
	Reputation	
	weiteres	
Kapitalsuche	Internet	√
	persönliches Umfeld	√
	Investorenvereinigung	√
	Stiftungen	
	Hochschule	
	Wettbewerb	

NUTZEN DES PRIVATE EQUITY INVESTORS

Nicolas Berg

Keine Anlagekategorie ist volkswirtschaftlich wertvoller als Private Equity (PE), insbesondere Investments in Start-ups. Voraussetzung sind Erfahrung, Diversifikation und Geduld. Redalpine setzt voll auf diese Karte.

Redalpine Capital I SICAR ist ein Luxemburger Risikokapitalfonds, der von 2007 bis 2014 ausschliesslich in hoch skalierbare europäische Jungunternehmen investiert. Die Investments des Fonds bewegen sich zwischen 200 000 und 2 000 000 Franken, einer kritischen Grössenordnung, die von den klassischen Venture-Capital-Gesellschaften typischerweise nicht bedient wird. Der Fonds wird begleitet von drei geschäftsführenden Partnern der Redalpine Venture Partners AG in Langenthal. Als Aktionäre dahinter stehen ausserdem drei Dutzend erfolgreiche Unternehmer und Financiers, die aus sechs Ländern, drei Generationen (25 bis 75) und zwölf Branchen stammen.

Bevor die aktiven Redalpine Partner Peter Niederhauser, Michael Sidler und Nicolas Berg Kapital für ver Fonds aufnehmen konnten, mussten sie einen entsprechenden Erfolgsausweis abliefern als Mehrfach-Gründer, Corporate Investors und Business Angel Investoren. Unter den besten Transaktionen im Zeitraum 2001 bis 2006 imponierten nicht nur überdurchschnittliche Renditen dank Börsengang (Xing in Frankfurt) oder Unternehmensverkauf (StudiVZ an Holtzbrinck), sondern auch ein volkswirtschaftlicher Effekt. Pro investierte Million Franken hatte der Investorenpool innert fünf Jahren sage und schreibe zur Schaffung von 340 neuen Arbeitsplätzen und fünf Millionen regionalem Umsatz beigetragen.

Mehr Jobs dank Start-ups

Dieser *volkswirtschaftliche Effekt* ist einleuchtend und mehrfach belegt. Während beim Aktienhandel an der

Abbildung 14: Details der Finanzierungsphasen

Stage	Pre-seed	Seed	Start-up	Early	Later
Capital need	€ 0–1m	€ 20–100k	€ 100–500k	€ 500k–2m	€ 2–20m
Funding				Valley of Death	
Sources	Research grants	Founders; Family, friends, & fools; Angels	Founders; Angels; Angel network; Almost no VC's	Angel network; Few VC's	VC's

(Quelle: Nicolas Berg)

Börse – ausser bei Börsengängen – das Kapital bloss von einer Anlegertasche in eine andere wechselt, fliesst Private Equity direkt ins Unternehmen. Ausserdem bieten hoch skalierbare, bahnbrechende («disruptive») Start-ups das grösste und nachhaltigste Wachstumspotential aller Typen von Unternehmen. Wie eine Analyse des Beratungsunternehmens PWC bereits 1996 nachwies, wachsen mit PE finanzierte Unternehmen schneller und mit höherem Exportanteil als Europas Top-50-Unternehmen. Pro investierten Franken schaffen die jungen Wachstumstalente ausserdem sieben Mal mehr neue Arbeitsplätze, und ihre Lieferanten profitieren von mehr Mut zu Investitionen.
Wie verhalten sich nun aber bei PE Risiko und Rendite? Da lieferten in jüngster Zeit etliche Pensionskassen und Versicherungen *Negativschlagzeilen,* die Geld mit Investments in Start-ups, PE- oder Venturefonds in den Sand setzten. Und da gab es *glückliche Risikokapitalisten* wie Index, Draper Fisher, Sequoia oder Kleiner Perkins, die für ihre Investments in Skype und Google mit Transaktionswerten von jeweils drei Milliarden belohnt wurden. Und auch ein Biotech-Fonds wie Novartis Venture stieg bei Glycart relativ günstig ein, um nach zwei Jahren von einem Transaktionswert von über 200 Millionen Franken zu ernten. Die statische Mitte zwischen Milliardenglück und Millionenflops liegt laut Mackewicz & Partner (1969–2002) bei 22 Prozent Rendite für Venturefonds pro Zehnjahres-Periode. In Europa liegt die Rendite laut EVCA erst bei acht bis zwölf Prozent. Zum Vergleich hier die Renditen klassischer Anlagen laut Pictet (1926–2003) und CS (1926–99): Schweizer Aktien 7.9, Franken-Obligationen 4.5, Sparheft 3.0 und Gold 2.0 Prozent.

Mit Innovationsfinanzierung gut unterwegs

Redalpine hat seit dem Start 2007 in elf Start-ups investiert, die im Bereich Internet, Medien oder Gesundheitstechnologien mit bahnbrechenden Innovationen angetreten sind. Stark begehrt bei Kunden oder Partnern sind mehrere der Portfoliofirmen. Etwa Poken mit einer modischen elektronischen Visitenkarte, Trigami mit ihrem Dienst für Social Media Marketing, Quevita mit ihrer Plattform für einen angenehmeren und gesünderen Lebensstil oder Redbiotec mit einer Technologie, welche die Entwicklung von Impfstoffen gegen Viren massiv beschleunigt. Kann man da in Redalpine jetzt noch investieren? Die Antwort lautet jein, für neue Investoren ist der Fonds seit 2008 geschlossen. Nur sporadisch kann ein Anteil unter der Hand vermittelt werden.

KAPITAL FÜR INNOVATIVE JUNGUNTERNEHMEN

Ronald Kundert

Zürcher Kantonalbank

Vor fünf Jahren hat die Zürcher Kantonalbank (ZKB) die Initiative PIONIER für die Finanzierung innovativer Start-ups lanciert. Mit Investitionen bereits in einer frühen Phase des Unternehmenszyklus und einer breiten Finanzierungspalette entspricht sie einem zentralen Bedürfnis und wirkt als Drehscheibe zwischen Wissenschaft und Wirtschaft.

Die Schweizer Wirtschaft lebt von Innovationen und der Gründung neuer Unternehmen. Zürich verfügt mit der ETH und der Universität über hervorragende Forschungseinrichtungen, die auch einen weltweiten Vergleich nicht zu scheuen brauchen. Doch bei der Umsetzung in die Praxis besteht Verbesserungspotenzial. Innovation sei mehr als nur eine Erfindung, hat der bekannte Volkswirtschaftler Joseph Schumpeter geschrieben. Zur Innovation gehöre die Durchsetzung einer Neuerung auf dem Markt. Dieser Prozess läuft jedoch nicht von selbst ab. Es braucht Unternehmergeist und Management-Know-how, damit aus Wissen ein erfolgreiches Produkt und ein florierendes Unternehmen entsteht. Und es braucht Kapital. Mit PIONIER hat die ZKB 2005 eine Initiative gestartet, die genau an diesem Punkt ansetzt. Schon in einer frühen Phase des Unternehmenszyklus investiert sie in erfolgversprechende neue Produkte und Dienstleistungen. Damit fördert sie den Transfer zwischen Wissenschaft und Wirtschaft und hilft innovativen Start-ups auf die Beine.

Starthilfe mit 500 000 Franken

Mit PIONIER erhalten Jungunternehmen bereits in der Seed-Phase, das heisst vor dem Markteintritt, Zugang zu Finanzierungen bis zu 500 000 Franken. Damit erhebt die ZKB nicht den Anspruch, den ganzen Finanzierungsbedarf des Unternehmens abzudecken. Vielmehr sollen dem Start-up die notwendigen Mittel zur Entwicklung des Prototyps zu einem serienreifen Produkt sowie zur Akquisition von ersten Kunden zur Verfügung gestellt werden. Ist dieser Schritt von der Idee zum Markt erst geschafft, dann bestehen für die Firmengründer gute Aussichten, weitere Investoren von der Geschäftsidee zu überzeugen. Auf diese Weise investiert die ZKB jährlich zwischen zehn und 15 Millionen Franken als Risikokapitalgeberin in innovative Jungunternehmen. Dabei gilt als innovativ, wer ein Produkt, eine Dienstleistung oder ein Vertriebsmodell anbietet, das bisher noch nicht am Markt existiert.

Breite Finanzierungspalette

Gerade in der Seed-Phase ist die Liquiditätssituation von Start-ups meist angespannt. Daher eignen sich klassische Formen der Fremdfinanzierung wie Kontokorrentkredite und Darlehen nur bedingt, denn bei ihnen werden sofort Zinsen und Amortisationszahlungen fällig. Als Finanzierungsinstrumente kommen bei der ZKB deswegen dann auch in erster Linie Beteiligungen am Eigenkapital sowie mezzanine Finanzierungsformen in Frage, vor allem partiarische Darlehen sowie Wandeldarlehen. Diese entsprechen den Bedürfnissen von Start-ups weit besser. Das partiarische Darlehen schont in der kritischen Anfangsphase dank einer tiefen Verzinsung die Liquidität. Im Gegenzug partizipiert die Bank später mit einer prozentualen Beteiligung am Unternehmenserfolg. Die Kapitalgeberin trägt somit das unternehmerische Risiko mit, erwirtschaftet im Erfolgsfall jedoch auch eine entsprechende Rendite. Beim Wandeldarlehen erhält der Kapitalgeber die Option, das Darlehen zu einem späteren Zeitpunkt in Eigenkapital des Unternehmens zu wandeln und somit ebenfalls an dessen Wachstum teilzuhaben. Die vereinbarten Zinsen werden üblicherweise kapitalisiert und später gleichfalls in Aktien mitgewandelt. In rund zwei Fünftel der bisher bereits abgeschlossenen PIONIER-Finanzierungen ist ein Wandeldarlehen zum Zuge gekommen. Ein partiarisches Darlehen wurde bei etwa einem Viertel der Fälle bewilligt. In den übrigen Fällen wurde eine direkte Beteiligung am Aktienkapital vereinbart.

Management ist entscheidend

Voraussetzung für eine Finanzierung ist ein solider Businessplan. Die ZKB als finanzierende Bank prüft hauptsächlich die Kriterien Produkt, Markt, Management und Finanzen. Dabei ist der Faktor Management mit Abstand der wichtigste. Es gilt der Grundsatz: Ein ausgezeichnetes Management mit einem durchschnittlichen Produkt wird Erfolg haben. Ein durchschnittliches Management mit einem ausgezeichneten Produkt wird hingegen scheitern. Daher ist es zentral, dass neben der fachlichen auch die unternehmerische Seite im Management-Team von Anfang an in genügender Weise abgedeckt ist und dass der Ausarbeitung eines überzeugenden Businessplans genügend Beachtung geschenkt wird.

Wertvolles Netzwerk

Seit der Lancierung von PIONIER vor fünf Jahren hat die ZKB nicht nur etwa 50 Millionen Franken in rund 100 interessante Jungunternehmen investiert, sondern auch ein breites Netzwerk in der Start-up-Szene geknüpft. Die meisten der finanzierten Unternehmen stammen aus dem Umfeld von Netzwerkpartnern wie CTI Invest, Technoparks, Inkubatoren oder Gründungszentren. Mit der konsequenten Fortsetzung von PIONIER auch in einem wirtschaftlich anspruchsvollen Umfeld, ihren Beteiligungen an den Technoparks Zürich und Winterthur und dem alljährlich verliehenen ZKB

Pionierpreis Technopark unterstreicht die ZKB ihr Engagement für innovative Start-ups und ihren Willen, als eine Drehscheibe zwischen Wissenschaft und Wirtschaft im Wirtschaftsraum Zürich zu wirken.

ZUSAMMENFASSUNG PRIVATE EQUITY SEED FINANZIERUNG

Finanzierungseigenschaften

Art	Neugründung	√
	Kapitalerhöhung	√
Kapitalart	Aktienkapital	√
	Darlehen	
	zinsloses Darlehen	
	Mezzanine	√
	a Fond perdu / Preisgeld	
Kapitalform	einmalig	√
	gestaffelt	√
Einflussnahme	Verwaltungsrat	√
	Beirat	
	Reviewgespräche	
	Operative Unterstützung	
Zusatznutzen	Wissen	√
	Infrastruktur	
	Kunden	
	Reputation	
	weiteres	

Private Equity stellt die vierte und letzte Kapitalquelle in diesem Guide dar. Typischerweise investieren Private Equity Fonds frühestens bei, idealerweise nach der Gründung im Rahmen einer Kapitalerhöhung. Das Kapital wird wenn möglich in Form von Aktienkapital oder in Form von Wandeldarlehen investiert. Ganz selten wird das Kapital auch als Darlehen zur Verfügung gestellt. Die Innovationsförderungen der Kantonalbanken verhalten sich in Bezug auf die Kapitalart und Form identisch. Von der Form her trifft man sowohl einmalige Zeichnungen wie auch die gestaffelte, an Meilensteine gekoppelte Zuführung von Kapital.

Die Vertreter von Private Equity Fonds engagieren sich ähnlich wie Business Angels mit Wissen und ihrem Netzwerk für die jungen Unternehmen. Was im Vergleich zu Corporate Venture Capital nicht zur Verfügung gestellt wird, ist Zugang zu Infrastruktur und Kunden.

ADRESSEN VON PRIVATE EQUITY FONDS MIT SEED FINANZIERUNG

Alta Berkeley Venture Partners SA
17A, rue de la Croix d'Or
1204 Genf
Tel. +41 22 310 27 21
www.altaberkeley.com

Aravis SA
Lehfrauenweg 10
8053 Zürich
Tel. +41 43 499 20 00
www.aravis.ch

Atlas Venture
55 Grosvenor Street
London W1K 3BW
Grossbritannien
Tel. +44 20 7529 4444
www.atlasventure.com

BioMedinvestor AG
Elisabethenstr. 23
4051 Basel
Tel. +41 61 270 35 35
www.biomedinvest.ch

Early Bird
Maximilianstrasse 14
80539 München
Deutschland
Tel. +49 89 290702-0
www.earlybird.de

Eclosion SA
Chemin des Aulx 14
1228 Plan-les-Ouates
Tel. +41 22 880 10 10
www.eclosion.ch

Endeavour Vision SA
6, rue de la Croix d'Or
1204 Genf
Tel. +41 22 544 60 00
www.endeavourvision.com

gcp gamma capital Deutschland
Beratungs GmbH
Balanstrasse 59
81541 München / Deutschland
Tel. +43 1 513 10 72
www.gamma-capital.com

Genevest Consulting Group
6, cours des Bastions
1205 Genf
Tel. +41 22 312 33 33
www.genevest.ch

Global Life Science Ventures AG
Postplatz 1
6301 Zug
Tel. +41 41 727 19 40
www.glsv-vc.com

HealthCap
Odlander Fredrikson SA
18, avenue D'Ouchy
1006 Lausanne
Tel. +41 21 614 35 00
www.healthcap.ch

Index Ventures
2, rue de Jargonnant
1207 Genf
Tel. +41 22 737 00 00
www.indexventures.com

New Energies Invest AG
c/o Bank Sarasin & Cie AG
Elisabethenstr. 62
4002 Basel
Tel. +41 61 277 74 77
(Andreas Knörzer)
www.newenergy.ch

NewValue AG
Bodmerstrasse 9
8027 Zürich
Tel. +41 43 344 38 38
www.newvalue.ch

NewVenturetec
St. Antonsgasse 4
Postfach 1435
6300 Zug
Tel. +41 44 283 29 00
www.newventuretec.com

Nextech Venture Ltd.
Scheuchzerstrasse 35
8006 Zürich
Tel. +41 44 366 66 11
www.nextechventure.com

Polytech Advisors
c/o Parc Scientifique EPFL
Building PSE-C
1015 Lausanne
Tel. +41 21 693 92 10
www.polytechventures.ch

redalpine Venture Partners AG
Chasseralstrasse 1–9
4900 Langenthal
Tel. +41 62 923 52 74
www.redalpine.com

Rothschild Gestion
17, avenue Matignon
75 Paris
Frankreich
Tel. +33 1 40 74 88 11
www.asia.rothschild.com/
venturecapital

SOFINNOVA PARTNERS
17, rue de Surène
75008 Paris
Frankreich
Tel. +33 1 53 05 41 00
www.sofinnova.fr

TAT Capital Partners Ltd.
vorderi Boede 3
Postfach
5452 Oberrohrdorf
Tel. +41 56 485 89 89
www.tat.ch

TVM Capital GmbH
Maximilianstr. 35, Entrance C
80539 München
Deutschland
Tel. +49 89 998 992-0
www.tvm-capital.com

Venture incubator
VI Partners AG
Postfach 2146
Baarerstrasse 86
6302 Zug
Tel. +41 41 729 00 00
www.ventureincubator.ch

ADRESSEN VON BANKEN MIT FONDS ZUR INNOVATIONSFINANZIERUNG

Aargauische Kantonalbank
Bahnhofstrasse 58
Postfach
5001 Aarau
Tel. +41 62 835 77 77
www.akb.ch/startup

Basler Kantonalbank
Lukas Kroepfli
Postfach
4002 Basel
Tel. +41 61 266 22 88
Produkt: KMUimpuls: www.bkb.ch/index/unternehmen/kmu-impuls.htm
Die BKB ist an der Erfindungsverwertungs AG (EVA) beteiligt.

Berner Kantonalbank
Bundesplatz 8
Postfach
3001 Bern
Tel. +41 31 666 11 11
Produkt: Seed-Finanzierungen im Rahmen der 3. Säule der Förderung von Neuunternehmen und KMU: www.bekb.ch/de/index/firmenkunden/firmenkunden-finanzieren/fk-kmu-foerderkonzept.htm

Graubündner Kantonalbank
Fritz Beiner
Postfach
7002 Chur
Tel. +41 81 256 99 80
www.gkb.ch
Zwei Produkte:
KMUStartkredit und KMUImpulskredit.

Innovationsstiftung der Schwyzer Kantonalbank
Markus Oswald
Postfach 263
6431 Schwyz
Tel. +41 58 800 21 22
http://www.szkb.ch/de/pub/firmenkunden/finanzierung_immobilien/innovationsstiftung.cfm

LUKB Wachstumskapital AG
Peter Zumbühl
Pilatusstrasse 12
6003 Luzern
Tel. +41 41 206 23 55
https://www.lukb.ch/geschaeftskunden/unternehmerbank/lukb-wachstumskapitalag.html?DSCext.nav_type=5

Schaffhauser Kantonalbank
Stefan Hafner
Vorstadt 53
8201 Schaffhausen
Tel. +41 52 635 22 46
www.shkb.ch
Produkt: Garantiefonds der Schaffhauser Kantonalbank: Der Fonds kann Garantien sprechen für Kredite der Schaffhauser Kantonalbank, die der Gründung, Erhaltung, Verbesserung und Erweiterung von Klein- und Mittelbetrieben dienen.

St. Galler Kantonalbank
Paul Hautle
St. Leonhardstrasse 25
9001 St. Gallen
Tel. +41 71 231 35 23
www.sgkb.ch
Zwei Produkte: Risikofinanzierung und Risikoprivatkredit.

Stiftung kmufinance plus
Brügglistrasse 2
8852 Altendorf
Tel. +41 55 451 53 48
www.kmufinanceplus.ch
Stifter: Glarner, Nidwaldner, Obwaldner und Thurgauer Kantonalbank, Otto Ineichen und BDO Visura

Urner Kantonalbank
Manfred Jauch
Impulsfonds Plus Box
Bahnhofstrasse 1
6460 Altdorf
Tel. +41 41 875 62 26
www.urkb.ch/index.cfm?navid=642&navidold=0

Zürcher Kantonalbank
Erika Puyal Heusser
ZKB Start-up Finance
Bahnhofstrasse 9
8010 Zürich
Tel. +41 44 292 38 63
www.zkb.ch

WEITERE UNTERSTÜTZUNG VON INNOVATION

Neben dem Kapital gibt es weitere wichtige Unterstützung für Innovation. Vor einer Gründungsphase sind es die Universitäten und Hochschulen, die über ihre Projekte stark in Innovation investieren. Zum Teil erfolgt dies in Form von gemeinsamen Projekten mit der Wirtschaft, die nicht selten durch den Bund über seine Förderagentur für Innovation KTI mitfinanziert werden. Ist eine Innovation gefunden, geht es an die Umsetzung einer kommerziellen Nutzung. In der Schweiz gibt es für diesen Schritt ins Unternehmertum regional verteilt Business Parks, Innovations- oder Gründungszentren. Diese Zentren bieten Hilfe auf breiter Basis, wobei zum Teil die Ansiedlung im (kostenpflichtigen) Raum Grundvoraussetzung für diese Hilfe ist:

- Planung des Firmenstarts und Beratung bei der Erstellung des Businessplans
- Begleitung bei der Firmengründung von der Beschaffung der Dokumente bis hin zum Handelsregistereintrag
- Coaching in Bereichen wie
  - Unternehmensführung
  - Marketing
  - Finanzierung
  - Personalwesen
  - Recht
  - Treuhand
  - Aus- und Weiterbildung
- Deckung des individuellen Raumbedarfes
  - Flexible Nutzung
  - Flexible Flächenveränderung
  - Sitzungszimmer
  - Empfang
  - Telefonzentrale
- Hilfe bei der Vermittlung von Kapitalquellen

Im 2007 haben sich die Technoparks Aarau, Luzern, Winterthur und Zürich zusammengeschlossen, um den Transfer von der Wissenschaft in den Markt noch besser unterstützen zu können. Dabei wird auf folgenden drei Pfeilern abgestützt:

- Technologietransfer: Kooperationsprojekte zwischen Hochschulen und Industrie sollen gefördert, Jungunternehmen aufgebaut und Weiterbildung angeboten werden.
- Unternehmenskultur: Durch spezifische Angebote bei Jungfirmen wird eine leistungsorientierte Unternehmenskultur geschaffen. Damit sollen nachhaltige Erfolge und somit Arbeitsplätze kreiert werden.

– Selektion und Coaching: Jungunternehmen werden selektiv aufgenommen. Sind sie aber zugelassen, dann können sie die gesamte Bandbreite der Betreuung beanspruchen.

Haupteinnahmequelle der Businesszentren und Technoparks sind die Mieten der angesiedelten Unternehmen. Daneben sind einige der Unterstützungsleistungen durch Kantone finanziert. Es bleiben aber immer noch etliche Dienstleistungen, die für die Firmen kostenpflichtig sind. Typisch für eine kostenpflichtige Leistung ist ein Entgelt für die Vermittlung von Kapital.

ADRESSEN VON INNOVATIONSZENTREN, BUSINESS- UND TECHNOPARKS

Berner Technopark
Morgenstrasse 129
3018 Bern
Tel. +41 31 998 41 11
www.bernertechnopark.ch

BioArk SA
Case postale
Rte de l'Ile-au-Bois 1A
1870 Monthey
Tel. +41 27 606 88 60
www.bioark.ch

Bodensee Technologie & Trade Center AG
Hafenstrasse 50 A
8280 Kreuzlingen
Tel. +41 71 672 10 23
www.bttc.ch

Businessparc Reinach
Christoph Merian-Ring 11
4153 Reinach
Tel. +41 61 717 87 87
(Lukas von Orelli)
www.businessparc.ch

Centro Promozione START-UP
c/o Fondazione per le Facoltà di Lugano dell'USI
Via G. Buffi 13
6900 Lugano
Tel. +41 91 922 21 00
www.cpstartup.ch

Club of Swiss Technology Parks and Business Incubators
(Dachorganisation)
SwissParks.ch
Binzstrasse 18
8045 Zürich
Tel. 044 455 60 30
www.swissparks.ch

CTI Invest
Seehofstrasse 6
8008 Zürich
www.cti-invest.ch

CSEM Neuchâtel
Rue Jaquet-Droz 1
2007 Neuchâtel
Tel. +41 32 720 51 11
www.csem.ch
Entrepreneur Tower

Hochschule für Technik und
Wirtschaft HTW Chur
Ringstrasse 34
7000 Chur
www.e-tower.ch

FONGIT (Fondation Genevoise
pour l'Innovation Technologique)
18, chemin des Aulx
1228 Plan-les-Ouates
Tel. +41 22 884 83 00
www.fongit.ch

Fri Up
Route de la Fonderie 2
case postale
1705 Fribourg
Tel. +41 26 425 45 00
www.friup.ch

glaTec (Technologiezentrum an der
Empa in Dübendorf)
Überlandstrasse 129
8600 Dübendorf
Tel. +41 44 823 40 25
www.glatec.ch

Grow
Gründerorganisation Wädenswil
Postfach 335
8820 Wädenswil
Tel. +41 44 789 97 07
www.grow-waedenswil.ch

GründerZentrum Bern
Wankdorffeldstr. 102, PF 261
3000 Bern 22
Tel. +41 31 335 62 62
www.grueze.ch
www.gruenderzentrum-bern.ch

Gründerzentrum Kanton Solothurn
Grabackerstrasse 6
4502 Solothurn
Tel. +41 32 626 24 20
www.gzs.ch

High Tech Center
Lohstampfestrasse 11
8274 Tägerwilen
Tel. +41 71 666 72 72
www.high-tecenter.ch

IdeArk SA
Centre du Parc
Rue Marconi 19
1920 Martigny
Tel. +41 27 721 77 17
www.ideark.ch

innoBE AG
Wankdorffeldstrasse 102
Postfach 261
3000 Bern 22
Tel. +41 31 335 62 62
www.innobe.ch

ITS Industrie- und Technozentrum
Schaffhausen
Herrenacker 15
8200 Schaffhausen
Tel. +41 52 674 77 71
www.its.sh.ch

NEODE (Parc scientifique et technologique Neuchâtel)
Jaquet-Droz 1
CP 672
2002 Neuchâtel
Tel. +41 32 720 52 60
www.neode.ch

Parc Scientifique PSE
Sur le site EPFL
1015 Lausanne
Tel. +41 21 693 46 65
www.parc-scientifique.ch

PhytoArk SA
Case postale 2275
Route de Bramois
1950 Sion
Tel. +41 27 322 37 32
www.phytoark.ch

RINOVA
ri.nova impulszentrum
Alte Landstrasse 106
9445 Rebstein
Tel. +41 71 777 60 30
www.rinova.ch

START! Gründungszentrum
Walzmühlestrasse 48
8500 Frauenfeld
Tel. +41 52 728 41 41
www.gruendungszentrum.ch

StartZentrum Zürich
Binzstrasse 18
8045 Zürich
Tel. +41 44 455 60 60
www.startzentrum.ch

Tebo (Technologiezentrum für Euregio Bodensee)
Lerchenfeldstrasse 5
9014 St. Gallen
Tel. +41 71 274 73 04
www.tebo.ch

TechnoArk SA
TechnoArk 10
3960 Sierre
Tel. +41 27 452 22 25
www.technoark.ch

Technologiezentrum Linth
Spinnereistrasse 2
8866 Ziegelbrücke
Tel. +41 55 617 38 88
www.technologiezentrum.ch

Technologiezentrum Steinen
Frauholzstrasse 9b
6422 Steinen
Tel. +41 41 832 16 03
www.technologiezentrum.ch

TZW TechnologieZentrum Witterswil
Benkenstrasse 260
4108 Witterswil
Tel. +41 61 723 23 50
www.tzw-witterswil.ch

Technopark Aargau
Dorfstrasse 69
5210 Windisch
Tel. +41 56 442 06 06
www.technopark-aargau.ch

Technopark Luzern
D4 Platz 4
6039 Root Längenbold
Tel. +41 41 455 21 21
www.technopark-luzern.ch

Technopark Winterthur AG
Jägerstrasse 2
8406 Winterthur
Tel. +41 55 267 75 30
www.tpw.ch
www.technopark-winterthur.ch

Stiftung Technopark Zürich
Technoparkstrasse 1
8005 Zürich
Tel. +41 44 445 10 10
www.technopark.ch

Tedi-Zentrum Flawil
Sägestrasse 5
9230 Flawil
Tel. +41 71 393 71 00

Tedi-Zentrum Wil
Toggenburgerstr. 156
9500 Wil
Tel. +41 71 923 08 53

Tedi-Zentrum Toggenburg
Hembergerstrasse 22
9630 Wattwil
Tel. +41 71 988 75 81
www.tedizentrum.ch

Tenum Management AG
Grammetstrasse 14
4410 Liestal
Tel. +41 61 927 55 55
www.tenum.ch

The Ark
Route de Rawyl 47
1950 Sion
Tel. +41 27 606 88 60
www.theark.ch

venturelab.ch
c/o IFJ Institut für Jungunternehmen
Kirchlistrasse 1
9010 St. Gallen Schweiz

Verein Gründerzentrum
Kanton Solothurn
c/o Solothurner Handelskammer
Grabackerstrasse 6
4502 Solothurn
Tel. +41 32 626 24 20
www.gzs.ch

Y-Parc SA
Rue Galilée 15
1400 Yverdon-les-Bains
Tel. +41 24 423 91 11
www.y-parc.ch

SCHLUSSWORT

Dieser Guide will einen Beitrag zu einer besseren Vermittlung von Kreativität und Kapital leisten. In einem ersten Schritt wurden die drei wesentlichen Phasen von Innovation definiert, um später die richtigen Kapitalquellen für diese Phasen bestimmen zu können.

Um Kapital zu erhalten, muss der richtige Kapitalgeber angesprochen werden. Wie diese Kontaktaufnahme erfolgt, beziehungsweise wie die dazu notwendige Dokumentation auszusehen hat, wurde im zweiten Kapitel beschrieben. Die genannten Fragen können bei jeder Präsentation (Stiftung, Förderpreis, Investoren) gestellt werden und es ist sinnvoll, sich vorher die richtigen Antworten zu überlegen. Danach wurden die vier gängigen Kapitalquellen aufgearbeitet: Die Eigenheiten von Stiftungen und Förderpreisen, von Business Angels, von etablierten Unternehmen mit Corporate Venture Capital und von Private Equity Fonds wurden anhand einer Einleitung und je vier Fallstudien vorgestellt. Die Zusammenfassung hat jeweils die Präferenzen und Ausprägungen der Kapitalquelle aufgearbeitet.

Abbildung 15: Finanzierungsphasen

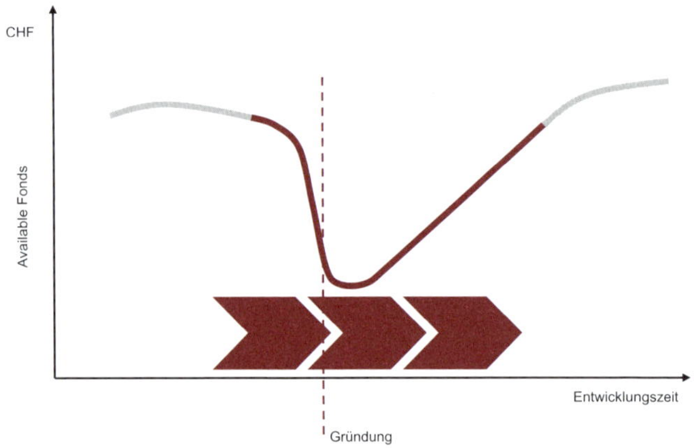

(Quelle: IFZ)

Schliesslich wurde der weiteren Unterstützung von Innovation durch Innovationszentren und Business- und Technoparks Raum gegeben, da diese Unterstützung ein wichtiges Bindeglied zwischen Innovation und Kapital darstellt.

Oft gelingt der Durchbruch einer Innovation nur dank der richtigen Rahmenbedingungen und Betreuung. Das IFZ Institut für Finanzdienstleistungen Zug wird in den nächsten Jahren aktiv an einer Plattform zur Zusammenführung von Corporate Venture Capital mit Innovation arbeiten. Weiter ist bekannt, dass Jasper Bouwsma, der ehemalige Leiter Innovation bei Swisscom, an einer breiter gefassten Plattform arbeitet: er möchte Transparenz in das Schweizer Innovations-Ökosystem bringen. Um eine Steigerung der Transparenz bemühen sich auch diverse Innovations- und Businesszentren sowie Technoparks. Und schliesslich arbeitet die Universität Basel an einer Datenbank über die Frühphasenfinanzierung in der Schweiz. Allen Tätigkeiten liegt ein gemeinsames Ziel zu Grunde: Förderung der Innovation in der Schweiz.

AUTORENVERZEICHNIS

CHRISTIAN WUNDERLIN Prof. Dr.

Dozent und Projektleiter am IFZ Institut für Finanzdienstleistungen Zug und VR mehrerer KMU. Christian Wunderlin hat die letzten 20 Jahre in der IT Industrie in sanierenden Aufgaben verbracht, zuletzt als CFO der börsenkotierten redIT. Seit Sommer 2007 widmet sich Herr Wunderlin seinen akademischen Aufgaben und betreut daneben als Verwaltungsrat diverse KMU aus den Bereichen IT und Finanzdienstleistung. Christian Wunderlin ist eidg. dipl. Buchhalter/Controller, eidg. dipl. Wirtschaftsinformatiker, MBA (Uni Rochester NY) und Dr. of Business Administration (Uni Bradford UK). Derzeit arbeitet er an seiner Weiterbildung zum Dr. rer. pol. (Wirtschaftsinformatik, Uni Bern CH). **Herausgeber**

NICOLAS BERG

Mitgründer von Redalpine Venture Partners, Business Angel, venturelab-Coach, mehrfacher Gründer, freier Journalist und Country Manager Schweiz der Business-Networking-Plattform Xing. Seit 1984 hat er acht Start-ups gegründet, u.a. 1998 das Finanzportal Borsalino, das Ringier 2000 kaufte. Seit 2000 hat er in 16 Start-ups direkt investiert und teils aktiv begleitet, darunter in Xing, das 2006 an die Börse ging. 1992–98 war Berg IT- und Wirtschaftsredaktor der Berner Zeitung. 1985 schloss er als M.Sc. (BA) an der Uni Bern ab. Er ist (Jury-)Mitglied folgender Organisationen: Seca, CTI Investor Association, Swiss-Venture-Club, VENTUREKICK, Heuberger Jungunternehmerpreis, Tech Tour Selection Comittee.

CHRISTOPH BANIK

Christoph Banik studierte von 2001 bis 2006 Wirtschaftswissenschaften an der Universität Basel und schloss seinen Master of Science in Business and Economics mit «magna cum laude» in der Vertiefungsrichtung «Finance, Controlling, Banking» ab. Studienbegleitend arbeitete er im Bereich «Workforce Analytics Switzerland» der Credit Suisse. Nach Abschluss seiner Studien wechselte er ins «Business Development Switzerland» des Private Bankings der Credit Suisse bevor er als wissenschaftlicher Mitarbeiter am IFZ startete. Er ist Autor von mehreren Publikationen und Doktorand im Themengebiet Corporate Venture Capital. **Herausgeber**

LUKAS GAYLER

Investment Manager und Rechtsanwalt bei der Chemolio Management AG. Lukas Gayler ist seit Anfang 2007 bei der Chemolio Management AG – einem Family Office für Familien mit Unternehmertradition – tätig. Dort unterstützt er die Geschäftsleitung bei der Führung verschiedener Beteiligungen. Er ist namentlich verantwortlich für Portfolio-Firmen in den Bereichen Technologie, Gesundheit und Konsumgüter. Zu seinem Aufgabenbereich gehören auch die Prüfung und Durchführung von M&A-Transaktionen. Lukas Gayler hat an der Universität St. Gallen HSG das Lizentiat der Rechtswissenschaft und danach das Zürcher Rechtsanwaltspatent erlangt. **Herausgeber**

RONALD KUNDERT

Ronald Kundert ist seit 1990 in verschiedenen Funktionen bei der Zürcher Kantonalbank tätig. Seit 2004 leitet er den Bereich Corporate Finance. Ronald Kundert ist diplomierter Bankfachmann und MBA (University of Rochester).

DOMINIQUE MÉGRET

Head of Swisscom Ventures und VR von Transmedia SA, iccoss SA, me2me AG und Mona Lisa AG. Dominique Mégret hat die letzten 20 Jahre in der Telekom, Media und Internet Industrien als Unternehmer, Strategist und Investor verbracht. Seit 2004 ist Herr Mégret für den Aufbau der Corporate Venturing Aktivitäten der Swisscom verantwortlich. Dominique Mégret ist dipl. BA(Hons) European Business Administration und MBA (Insead).

ALEXANDER SCHLÄPFER

Vice President Corporate Venturing bei Alstom SA sowie VR in verschiedenen Start-up-Unternehmen. Nach einer Laufbahn im operationellen Management bei ABB als Finanzchef für den Nahen Osten sowie als Leiter einer mittelgrossen Business Unit stiess Alexander Schläpfer 1999 als Länderchef in Ägypten zum französischen Alstom Konzern. Ab 2001 übernahm er die weltweite Leitung für Strategie, Verkauf und Geschäftsentwicklung in Alstom's Power Service Sparte, wo er u.a. über 20 M&A Transaktionen in China, USA und Europa zum Abschluss gebracht hat. Seit 2008 leitet er den Aufbau des Corporate Venturing am Hauptsitz in Paris. Alexander Schläpfer hat einen Abschluss als Betriebsökonom HWV sowie einen MSc in Finance von der London Business School.